改訂

続 おいしさを測る

食品開発と官能評価

編著者
古川秀子

共著者
上田玲子

幸書房

ii

■編著者

古川　秀子(ふるかわ　ひでこ)

前 武庫川女子大学生活環境学部 教授

日本女子大学家政学部卒業後，味の素㈱入社．主に食品の開発にかかわる官能評価業務に
従事．食品開発研究部主任研究員．「官能検査のシステム化に関する研究」で農学博士取
得(九州大学)．大阪支店および本社の広報室勤務を経て定年退職．その後武庫川女子大学
教授に着任．著書／「おいしさを測る」(幸書房)，「食べものサイエンス」(編著，幸書
房)，「調理学」(共著，化学同人)ほか．

●共著者

上田　玲子(うえだ　れいこ)

日本水産(株)中央研究所 技術顧問

東京大学大学院農学生命科学研究科 特任研究員

横浜国立大学卒業，味の素㈱中央研究所に入社．ほんだし，Cook Do などの調味料開発研
究の後，商品評価室長として官能・使用評価，生活者研究を担当．本社・広報部の学術・
料理情報担当部長，調味料事業部の専任部長を経て退職後，農学博士(東京大学)を取得．
専門は商品開発と官能評価を中心とした商品評価．共著に，総合調理科学事典(光生舘)，
食品図鑑(女子栄養大学出版部)，『フードデザイン 21』(サイエンスフォーラム)ほか．

★第5章　事例—商品開発と官能評価—　執筆者　〈事例掲載順〉

大越　ひろ　日本女子大学 名誉教授

岡村　一八　(株)ＦＥＣおかむら 代表取締役

三浦　　裕　キリンホールディングス(株) 前 フロンティア技術研究所 主任研究員
　　　　　　現在 同社経営監査部 主査

津布久孝子　(公財)味の素食の文化センター 前専務理事

齋藤　　薫　(独)家畜改良センター 十勝牧場 業務第二課 課長補佐

は　し　が　き

　『おいしさを測る―食品官能検査の実際―』(幸書房)を出版してから16年，多くの方々にご購読いただき感謝しています．読者からは「数学の苦手な人にとって，表を見て検定できるのは便利」「理解しやすい内容」などのご意見を頂戴しています．一方，「官能評価の具体例」「初歩的な統計学」「パソコンでの計算方法」などについて学びたいというご意見もいただいております．また，大学の授業でこの本をテキストにして講義・実習を行いましたが，学生からは「食べる実習は楽しいが統計解析は理解しにくい」という声が多数です．読者1人1人の知識力が異なるので，万人共通に理解できる内容づくりは難しいのですが，これら貴重なご意見をもとに，新たな挑戦を試みました．その結果がこの「続編」です．

　時の流れとともに「官能検査」から「官能評価」という用語(JIS用語)に改称され，商品多様化時代に役立つ評価技術の構築が期待されています．ハード面においては，大型コンピュータや電卓からパソコン時代へと推移し，統計解析用ソフトを使って複雑な統計解析が簡単にできるようになりました．

　以上の背景のもと，古き時代(官能検査)に培った評価技術(担当：古川)と新しい時代(官能評価)の評価技術(担当：上田氏)を合わせ，食品開発に活用できる官能評価についてまとめてみました．既刊『おいしさを測る』の内容とはなるべく重複しないよう心がけたつもりです．また「事例―商品開発と官能評価―」として，大越ひろ氏(日本女子大)，岡村一八氏(FECおかむら)，三浦　裕氏(キリンホールディング(株))，津布久孝子氏(味の素(株))，齋藤　薫氏((独)家畜改良センター)(事例執筆順)にご寄稿いただきました(「第5章」)．

　官能評価の基礎技術として理論の蓄積は必須ですが，特に商品開発においては実践・経験をもとに，実用的な評価手法を自ら生み出すことの必要性を

強く感じています．本書が，官能評価のさらなる発展にお役に立てば幸いです．最後になりましたが，ご多忙の中，ご寄稿いただきました諸先生方に厚くお礼を申し上げます．

　また，出版に当たり，（株）幸書房　夏野雅博氏(現 社長)には大変お世話になりました．ここに感謝の意を表します．

2012 年初夏 記

古 川 秀 子

改訂　発刊にあたって

　本書の姉妹編で，先に世に出た「おいしさを測る」は，1994年の初版から食品会社の品質管理，商品企画室の皆さんに愛読され，四半世紀を超えるロングセラーとなっています．

　タイトルにした「おいしさを測る」は，著者の古川秀子先生と某社のロビーでお話ししていて決まったものです．その後「おいしさ」とタイトルに冠した書籍や雑誌が出版され，おいしさの官能評価の手法が広まり，日本の食品の味覚向上に役立ったのではないかと，出版社としてもその社会的役割を感じているところです．

　最近では，計測機器による「おいしさ」の数値化，データ化の研究が進み，部分的には官能評価手法を超える部分もあるように思われますが，「おいしさ」は，食歴，年齢，そしてライフスタイルによって日々変化しています．商品開発においてその時代，年齢層，特定のライフスタイルの層の嗜好をとらえるのは並大抵のことではないと思います．

　そうした中で，本書「続　おいしさを測る」では，官能評価で得られたデータをより正しく読みとるための基礎的な統計学を理解した上，簡単に計算できるソフトの利用を推奨して，官能評価をより汎用性の高い使い勝手の良いものとして普及する目的で出版されました．そこで，この度の増刷を機に，執筆者の皆様に，変更がないかどうかをお伺いし，改訂版として出版することにいたしました．

　食品の官能評価に選ばれたパネラーの方や，新しい味，味覚を探求している皆様に，この2冊の「おいしさを測る」の姉妹編を末永くご利用いただくことを，切に願う次第です．

　出版社のものとして，この場をお借りして執筆者各位に感謝の意を表すとともに，ご愛読いただきます皆様へのお礼を述べたいと思いまして筆を執らせていただきました．

本書を利用される皆様のますますのご発展を祈念いたしております.

2019 年 4 月吉日

株式会社　幸書房

代表取締役　夏野雅博

目　　次

第1章　食品産業における商品開発と官能評価 ……………………………1

　1.　商品開発のプロセス ………………………………………………………1

　　1.1　戦略策定 ……………………………………………………………………1

　　1.2　製品コンセプト策定 ………………………………………………………4

　　1.3　開発具現化・工業化 ………………………………………………………4

　　1.4　生産・販売 …………………………………………………………………5

　2.　商品開発における官能評価の役割 ……………………………………5

　　2.1　製品の中味品質特性の官能評価 …………………………………………5

　　2.2　製品の使用性機能に関する官能評価 ……………………………………8

　　2.3　商品評価の展開─商品価値の評価─ ……………………………………11

第2章　「おいしさを測る」とは ………………………………………………14

　1.　「おいしさ」に関わる諸要因 …………………………………………14

　　1.1　食品を構成する「おいしさ」の要因 …………………………………14

　　1.2　ヒトが感じる「おいしさ」の要因 ……………………………………16

　　1.3　「おいしさ」を感知するメカニズム …………………………………18

　2.　「おいしさ」の測定方法 ………………………………………………25

　　2.1　官能検査から官能評価へ ………………………………………………26

　　2.2　パネルについて …………………………………………………………26

　　2.3　官能評価の方法および解析法 …………………………………………28

　　2.4　官能評価結果に影響を及ぼす要因とその対策 ………………………30

　3.　食品開発に役立つ官能評価手法 ………………………………………31

　　3.1　採点法(scoring) …………………………………………………………32

viii

   3.2　2点提示型採点法……………………………………34

   3.3　データの解釈　……………………………………35

   3.4　評価尺度と統計解析　………………………………36

 4.　KJ法による食品の官能評価用語の整理　………………40

   4.1　KJ法の手順　………………………………………40

   4.2　評価項目の整理　……………………………………42

 5.　2点提示型採点法の官能評価―チョコレートを例に―…………44

第3章　官能評価データ解析のための統計学（基礎編）……………50

 1.　データの特性を表す基本的な指標―平均，分散，標準偏差―………50

   1.1　データの整理（度数分布表とグラフ化）………………………50

   1.2　平均値 $\bar{x}$　……………………………………52

   1.3　バラツキを表す指標（分散 s^2，標準偏差 s）………………52

 2.　確率（probability）……………………………………53

 3.　順列，組み合わせ………………………………………57

 4.　いろいろな分布…………………………………………60

   4.1　確率変数と確率分布　………………………………60

   4.2　二項分布　……………………………………………62

   4.3　離散型分布と連続型分布　…………………………64

 5.　統計的推測―検定と推定―……………………………65

   5.1　母集団と標本　………………………………………65

   5.2　検定（test）……………………………………………66

   5.3　推定―点推定と区間推定―　…………………………77

第4章　パソコンによる統計解析　………………………………81

 1.　統計解析の基本…………………………………………82

   1.1　変数の測定方法と尺度　……………………………82

   1.2　変数の特性と統計的分析法　………………………82

1.3　Excel「分析ツール」使用における注意事項 ……………………83

　　1.4　Excel の「分析ツール」のアドイン法………………………………87

　　1.5　関数の使い方 ……………………………………………………………87

　2.　基本統計量………………………………………………………………………87

　3.　"差"に関する統計手法 ……………………………………………………91

　　3.1　比率検定(2 点試験法，3 点識別試験法，クロス表) ……………92

　　3.2　t-検定：評点法による 2 サンプルの比較 …………………………97

　　3.3　分散分析：評点法による 3 つ以上のサンプルの比較 …………106

　4.　"順位"に関する統計手法……………………………………………………115

　5.　多変量解析 ……………………………………………………………………119

　　5.1　多変量データ活用の目的 …………………………………………120

　　5.2　重回帰分析：MRA(Multiple Regression Analysis) ………………121

　　5.3　主成分分析：PCA(Principal Components Analysis) …………126

　　5.4　因子分析：FA(Factor Analysis) …………………………………132

第 5 章　事例―商品開発と官能評価―

[事例 1]　高齢者の摂食機能を考慮した食品開発…………………………141

　1.　高齢者の摂食機能 ……………………………………………………………141

　　1.1　摂食・嚥下のメカニズム …………………………………………141

　　1.2　高齢者の摂食中の問題点 …………………………………………141

　　1.3　若年者と高齢者の唾液 ………………………………………………143

　2.　高齢者の摂食・嚥下機能と食べ物のテクスチャー ……………………144

　　2.1　テクスチャーの客観的評価法 ……………………………………144

　　2.2　介護食・嚥下調整食 …………………………………………………144

　3.　高齢者の摂食機能を考慮した食品開発に必要な高齢者対象の

　　　官能評価 ………………………………………………………………………145

　　3.1　食肉の硬さと咀嚼の関係 …………………………………………145

　　3.2　食肉製品の食べ易さにおける若年者と高齢者の比較 …………146

x

3.3 ゼリーの飲み込み易さ ……………………………………148

[事例2] コンビニ商品の開発と官能評価 ………………………152

1. 官能評価室および周辺の設備 ………………………………152
2. 運営方法 ……………………………………………………154

[事例3] ビールのおいしさ「のどごし感」測定方法の開発と
　　　　官能評価………………………………………………160

1. 「のどごし感」とは………………………………………160
2. 咽頭部表面筋電図周波数解析を用いた「のどごし感」測定方法
　の概要 ……………………………………………………160
3. ビール類A銘柄，およびB銘柄の比較検討例について …………162

[事例4] ロングライフ商品・うま味調味料「味の素」の開発 ……167

1. 「味の素」誕生………………………………………………167
2. 販売促進活動 ………………………………………………169
3. MSG製造方法の変遷………………………………………170
　3.1 発売当初の製法について ………………………………170
　3.2 発酵法導入経緯 ………………………………………170
4. MSGの安全性問題と安全性評価技術の確立………………172
5. 「うま味」の味覚研究………………………………………173
6. 味の素(株)創業100年を迎えて ……………………………174

[事例5] 分析型パネルの選定および訓練の方法………………176

1. 家畜改良センターの紹介 …………………………………176
2. 官能評価への取り組み ……………………………………176

3. 分析型パネルの選定方法 ……………………………………177

4. 分析型パネルの訓練方法およびその効果 ………………………180

　付録　■ 官能評価の規格…………………………………………187

　索　　引 …………………………………………………………191

第1章 食品産業における商品開発と官能評価

1. 商品開発のプロセス

　商品開発の目標は，「消費者の嗜好を満足させる製品を市場に送り出し定着させることにある」[1]．言い換えると，「商品開発とは，マーケティング調査を通して得た消費者の選好を基に開発目標となるコンセプト仮説を設定し，それを具現化するための製品コンセプトを満たす試作品の設定と評価を繰り返し，消費者の受容性を検証してゆくプロセスである」といえる．

　企業における新製品開発のプロセスやそのシステムは，食品の領域やその規模によってさまざまであるが，ここでは代表的な例を紹介したい(図1.1)．

1.1 戦略策定

　時代背景，消費者動向，技術シーズなどの市場動向や社会環境の変化を分析し，それをもとに考察した結果に基づいて，事業サイドでは企業の事業領域や策定されたカテゴリー戦略にのっとり，商品群の消費者識別構造調査，既存品の使用実態調査などを実施する．そこから顧客のニーズを発掘し，開発の出発点となる製品コンセプト，すなわち新商品の開発領域や方針・テーマが設定される．商品開発が成功するか否かは，潜在的な顧客の発見からコンセプトの開発が鍵になる．ここで大きな失敗があると，あとの活動はすべて無駄になるので，仮説をどのように作るかが重要である．仮説は，できるだけ事実に基づき構築されることが望ましく，事実の把握と整理が必要である．その対応策として，図1.2に示す「基盤マーケティング・リレーション(BMR)概念モデル」[7]がある．そこでは，マーケティングで考慮すべき市場

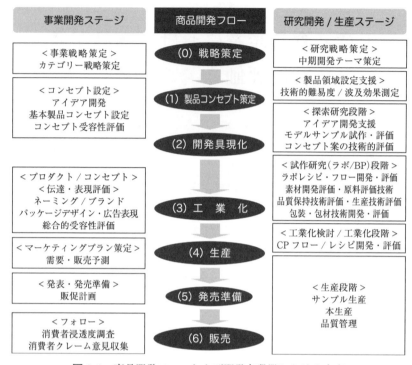

図 1.1　商品開発フローおよび開発各段階における内容

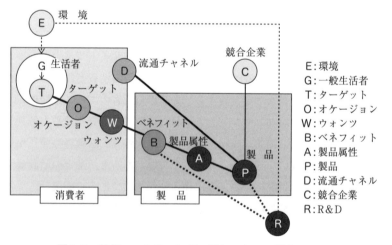

図 1.2　基盤マーケティング・リレーション概念モデル

の構成要因として 11 項目が挙げられている．

　事業サイドから提案された開発領域やテーマ設定に対応して，研究技術サイドでは科学・技術的側面から情報収集・評価を行う．製品動向や技術情報を調査し，設定された仮説の新奇性・有用性を実現するための技術評価を行い，実用化へ向けた新製品の優位性を検討する．ここでは，技術的難易度や波及効果に関する所見なども加えた上で，開発期間，費用など技術開発に要する情報を事業サイドにフィードバックする．この段階では，消費者，市場・製品，流通，技術の各動向に関して，公的調査や統計，特許および学会・業界などの情報を活用する．

〈BMR 概念モデル〉

　本モデルは，実際の食産業において，事実を整理・把握する，また，関連する担当者間のコミュニケーションを効率的に行うため，マーケティングの思考法とコミュニケーション手法の概念モデルとして開発されたものである．

　BMR のモデル化している対象は，消費者，製品，環境，流通業者および競争企業の 5 つから成る．消費者に関連して，ターゲット消費者は誰か(Target)，また，彼らがいつ，どこで(Occasion)，何を欲するのか(Wants)，に着目する必要がある．そして，それに対応する製品(Product)は，モデル中の T，W および O の内容に依存して決定される．消費者に，なぜ購入してもらうのか(Benefit)，それをいかに具現化するのかが製品属性(Attribute)であり，それを可能にする研究開発テーマ(R & D)を考慮する必要がある．また，製品を消費者に効率的に渡るようにする流通チャネル(Distributor)，競争企業(Competitor)，消費者および製品に影響を与える環境(Environment)も考慮する必要がある．環境(E)は，自然環境と社会環境に分かれる．さらに，製品コンセプトに関連する概念を抽出評価して，開発者の開発指針となる「基本製品コンセプト」，すなわち「どのような製品(P)分野で，顧客に提供するベネフィット(B)は何であり，それはどのような製品属性(A)で実現するか」を明確化するのである．

1.2 製品コンセプト策定

　製品開発テーマや方針が設定されると，(1)コンセプト策定段階に入る．前述の製品コンセプトに関連する概念を抽出・評価して，ターゲット，オケージョン，ベネフィットとそれに対応する品質，形態，価格などの「基本製品コンセプト」が策定される．この段階での多様なアイデア抽出法も開発されており，開発領域や製品規模により最適な手法を選定する．また，消費者の意見・クレーム，関連商品のパーセプション，海外新製品・ヒット商品など，領域設定段階でセグメントされた情報も活用する．ここでは開発目標とする製品や試作品をモデル品として設定し，ターゲットユーザーである消費者によるコンセプト案の受容性を調査する．

1.3 開発具現化・工業化

　消費者によるコンセプト案の受容性評価の結果，受容性が高いと判断されると，(2)開発具現化段階に入り，研究開発や生産技術開発部門がコンセプトを製品に具現化するための総合的研究を進める．そこではラボスケールでの試作研究，ベンチプラントスケールでの工業化開発研究の2段階を経て，それぞれのスケールにおけるレシピーやフロー開発，すなわち素材開発・原料評価，レシピー配合設計・評価，品質保持，生産，包装・包材など多様な技術を駆使した研究が実施される．その目的は，工業化に向けた設備投資の検討なども合わせてコンセプト策定段階で設定したモデル品を「最終試作品」のレベルまで具現化することにある．これらが確定されると，(3)工業化段階に入る．この段階では，コマーシャルプラントに適した材料フローおよびレシピーの再検討を行う．

　この間，事業開発サイドでは，ブランドネーミング，パッケージデザイン，広告などの表現テストを経て需要・購買予測の調査を行う．そして，製品コンセプトの具現化および工業化の検討を終了すると，いよいよ発表・発売のための準備期に入る．

1.4 生産・販売

(4)製品生産段階では品質・生産管理が実施され，(5)発表・発売の準備段階に至る．ここでは販売促進のためのサンプル，商品販売にかかわる営業担当者や消費者向けなど，消費者に対する各種の情報提供の整備を行う．これらの準備が整うと，新製品の発表を経て発売を開始し，本格的な営業活動の(6)販売段階に至る．発売後は，商品に関する「お客様相談センター」への問い合わせやクレームに対応した情報に基づいて製品の改善に努め，市場浸透度解析などにより各種のフォローを行うこととなる．

なお，これらに並行して，これまで述べた各段階の担当部門は多様な視点，すなわち素材，包材の機能性・安全性・安定性・環境性，おいしさ・調理機能・栄養機能・使い勝手評価などの視点から，生産性や法規制などを検討する．このように，製品評価部門や関連部門との連携により，各段階に設定された細部にわたるアセスメントが実施される．

2. 商品開発における官能評価の役割

2.1 製品の中味品質特性の官能評価

近年，商品開発における官能評価の役割はますます多様化している．その主な目的は，品質評価や嗜好評価に独立して関与するだけでなく，顧客の求める嗜好と商品特性の関連性，官能値相互の関連性，製品および素材原料などの官能値と分析機器測定値との関連性など，それぞれの相互関係を把握することにある．

図1.3に，商品開発過程における官能評価の役割に関するフローチャートを示した．この図に示すように，商品開発の各段階において官能評価は多くの役割を担っている．一般的には，①特定したテーマの事業部門が主管となる消費者を対象にした100～10,000人スケールでの調査や評価と，②開発研究・生産技術開発セクションが主体となり，開発担当者である専門家と，組織内で知覚感度や精度により選抜された評価経験が豊富な専門評価者などを

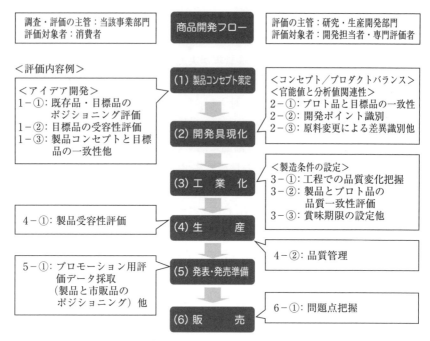

図1.3 商品開発のフローと官能評価の役割

対象とした，5〜60人程度で高頻度に実施される評価の2つに分けることができる．

2.1.1 消費者対象の評価—開発コンセプト設定と消費者受容性把握—

事業開発サイドにおいては，消費者の受容性や選好を把握することが主目的となり，(1)製品開発コンセプト策定段階で，アイデア開発における既存品や目標品のポジショニングが把握される(1-①)．ここでは，市場に流通している開発領域内の既存商品や目標品を評価し，消費者が関心を示す関連商品の評価要因，選好特性や開発の方向性を把握する．また，ポジショニングマップから未開発の領域や特性を発見する．これらの情報は，商品開発の各段階における戦略の構築にも使われる．その他，設定した目標品を用いた消費者の受容性把握(1-②)や，製品コンセプトと目標品の一致性評価(1-③)などが行われる．

最終試作品が決定した(3)工業化段階では，消費者を対象にした受容性確認のための評価(4-①)を行うことになる．試作した候補試作品は市場での競合品と比較して，その位置づけや最終試作品として認定するための絞り込みを行い，受容性および優位性を確認する．受容性が確認されると，(5)新製品発表・発売準備段階に入る．ここでは，プロモーション用に新製品と市販品とのポジショニング評価(5-①)の実施や，あるいは 4-①で行われた評価結果を活用して，新製品の特徴を消費者に提示する．

2.1.2　組織内評価者の評価―製品設計と製造条件の最適化―

開発研究および生産技術開発サイドにおいては，専門家や専門評価者などを対象とした分析型評価により，試作品などの特性を把握することが主な目的となる．また，消費者代替性が確保された場合には，嗜好型評価も含まれる．(2)(3)(4)および(6)の各段階において官能評価が実施される．

(2)開発具現化段階では，コンセプトと製品とのバランス評価，官能値と機器分析値との関連性把握の評価などが実施される．具体的には，プロト品と目標品との一致性評価(2-①)や製品開発のポイントが，従来品や他社品などと比較して識別されるかを確認する開発ポイント識別試験(2-②)，原料素材の変更による差異確認(2-③)などが行われる．ここでは目的に応じて，開発担当者である専門家が，成分や物性など組成配合と関連性の高い詳細な評価項目について実施する場合と，消費者代替性が確保された専門評価者を用いて，客観的かつ詳細な評価項目について実施する場合を使い分ける．それぞれに品質特性や嗜好に関する官能値と，理化学機器による物性や香気・呈味成分などの分析値との相互関連性を解析し，配合設計や素材評価，加工法研究などの情報として，開発担当者へフィードバックする．

(3)工業化段階に入ると，主に最終試作品からコマーシャルスケールに至る製造条件設定のための評価を行う．製造工程での品質変化の把握(3-①)においては，製造機器の性能や処理条件，調理加工の熱履歴の相違など，製造条件を設定するための詳細な評価項目による専門家評価を行う．また，製品とプロト品との品質一致性評価(3-②)など，社内専門評価による確認も併せ

て実施する．また，製品については発売前の限られた期間内で賞味期限を推定し設定する必要があるため，この段階の製品あるいは最終試作品を用いて，化学的・物理的変化速度の温度依存性を応用した TTT (Time Temperature Tolerance) による促進保存テストの判定に官能評価を活用する (3-③)．さらに発売後，流通条件での追試テストで確認するのはいうまでもない．

(4)生産段階に入ると，工場において品質管理部門の各対象商品や，素材別に構成された専門家による出荷の可否判定のための評価 (4-②) が実施される．機器分析や微生物分析などと併せて官能評価が実施され，厳しく設定された合格基準をクリアして出荷される．商品が販売されると，顧客よりお客様相談センターへクレームや問い合わせが発生する場合がある．これに対応して，その内容について問題点の有無や，その原因把握のための評価 (6-①) を行い，顧客にその結果を知らせることとなる．ここでの問い合わせ内容や意見に対しては，その問題点を解決するための評価を実施することにより，実用上の問題点がしばしば特定される．

さらに，商品開発のテーマ模索段階においても，食品素材研究，香味研究，開発プロジェクトを支える R&D の基盤研究などにも官能評価は重要な役割を果たし，新規な香味素材発見を生む契機となる例もある．

なお，開発目標品の設定に関して，即席コーンスープの事例[2] および，組織内専門評価者と消費者との関係性に関しての検討事例[3] の報告があるので，参照されたい．

2.2 製品の使用性機能に関する官能評価

近年の生活者を巡る環境は，女性の社会進出，単身世帯の増加，高齢化社会の加速化などを背景に，生活者の価値観も多様化している．さらに，同じ生活者においても，場面が変われば価値観も変化する一人十色の様相を呈している．このような状況の中，商品価値の 1 つの簡便性追求に応えて種々の加工食品が開発されており，商品の使い勝手，すなわち使用性が重要な評価

要因となる商品が増加してきている．

また，従来の商品においても高齢化が急速に進む中，高齢者層は食マーケティング上，無視し得ない存在となっている．高齢者に配慮したやさしい操作性やわかりやすい表示など，あるいは環境問題に対応した包材の性能なども商品選択の大きな要素である．

このように，生活者を取り巻く環境変化や，平成6年から導入された製造物責任法(PL法)などの法規制も相まって，商品開発において，今や使用性まで含めた広義の官能評価が欠かせないものとなっている．

2.2.1 使用性機能の評価項目

商品の使用性評価とは，一部，包材の材質のリサイクル性能など，ヒトの官能評価によらず判断されるものも含まれるが，図1.4に示すように，多くは「購入時の表示のわかりやすさ」から始まり，「運搬」，「保存」，「調理」，「後片付け」，「廃棄」に至るまでの各プロセスにおいて，持ち帰りやすさ，しまいやすさ，開けやすさ，取り出しやすさ，作りやすさ，片付けやすさ，捨てやすさなどの一連の操作性評価が使用性機能として，ヒトによる官能評

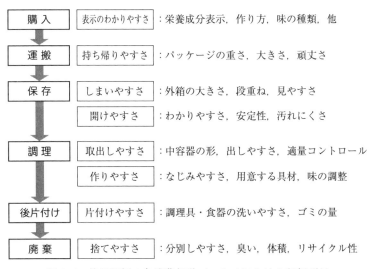

図1.4 使用評価の各消費行動プロセスにおける評価項目

価が行われることを指している.

また, 調味料や冷凍食品, カップスープや麺など各種の加工食品のパッケージ裏面のディレクション表示が適正であるか, その再現性を評価する再現性評価, そして, それらの表示がわかりやすいかどうかなどの表示・表現の評価なども, ヒトの感覚による判断が必須の要素として挙げられる.

2.2.2 使用性の評価手法と評価者

調査対象の意識や, 知覚・認識などを収集する場合, 誰の意見を吸い上げるのかを常に念頭に置いておかなくてはならない. 調査目的に見合ったパネルやその手法を選定することは, 必要不可欠なファクターである. つまり, 台所に立たない人に調味料や加工食品の使い勝手を尋ねても全く無駄であるということである. また, その手法も実際の使用場面に即した評価が行われる必要がある. そのような点を考慮して, 使用性評価手法としてよく用いられるのは, 以下の2手法である.

1) ホームユース法(HUT):個々人の家庭での, 保存や調理条件, 廃棄法等日常のやり方を基本にした評価を行い, 実際の消費者の手に渡った状況で評価データを収集する. 定量および定性的に解析する. パネルサイズは80世帯前後, 事前に, 各モニターの属性, 家族構成, 食習慣, 台所環境等を調査しデータを保有することにより, ターゲットユーザーに近い抽出を行う.

2) 行動観察調査(エスノグラフィー):「人間の行動の多くは無意識の行動である」と言われている. 例えば, アンケート調査で「なぜ」と聞かれれば合理化した回答をしてしまい, 被験者の無意識部分の本質は見えない場合が多々ある. そこで, 本質を見るための1つの技法として行動観察調査がある. 使用性評価において, 言葉として出にくい無意識の問題点やニーズを観察し, くみ取ろうというアプローチである. 買い物や調理行動をつぶさに観察し, HUTなどのアンケート調査を補完するのに有効な手法であると考えられる.

これらの評価者は, HUTおよび行動観察の被験者ともに, ターゲットユ

ーザーに相当する消費者がそれに当たるのが原則であるが，食味に関する官能評価に比較して使用性評価は，「使いやすい⇔使いにくい」の一次元性の評価なので，嗜好性による判断が入る余地は少なく，消費者代替として社員の家族を社内モニターとして構成することが多い．また，高齢者を対象とする擬似体験ができる器具なども準備されていて，それらを装着して評価ができることも利点で，おいしさなどの嗜好性を測る場合との大きな相違点である．

社内モニターの活用は，外部調査に依頼することなく，一般消費者を代弁する意見・意識が抽出でき，コスト的な面，さらにはスケジュールの面等での利点も考えられる．

一般消費者における使用評価を社内モニターによって代替する場合は，評価系，調査内容等を一般消費者の実態に合わせて，調査設計に加味する必要がある．一般消費者の関連商品の使用実態，さらにはベースとなる調理器具の保有状況，台所情報などを収集する必要がある．

2.3 商品評価の展開—商品価値の評価—

商品の評価は，今回紹介したその商品の持つ製品力の中味の「おいしさ」や「品質」特性，中味と包装を含めた「使いやすさ」のほかに，図1.5に示すような「商品価値」があり，今後の商品評価の幅広い展開が考えられる．

食品である以上，その「栄養機能」や「安心・安全」が基本となる．栄養

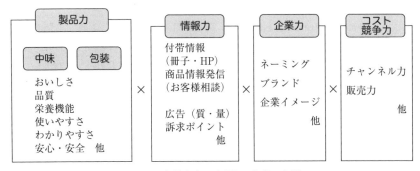

図 1.5 商品評価の展開：商品の価値

機能や安全性の問題は，ヒトの五感を使っての評価というより，生理的・科学的な評価がメインとなるが，「安心」については，ヒトの意識や感情を調査する必要がある．

またさらに，生活者の消費行動において，「消費者はなにを買っているのか？」を問うてみると，これらの「製品力」のみでなく，料理レシピーなどの付帯情報や広告による商品のコンセプト訴求力など，商品の特徴を伝達する「情報力」，商品固有のブランドや企業イメージなどの，商品の持つ価値を築き上げた「企業力」，手に入りやすいコストや流通・販売などの「コスト競争力」など，商品の保有するあらゆる効用価値を買っているということがわかる．商品の評価を考える場合，消費者の期待に適っている「おいしさ」「栄養」「便利さ」「価格」「入手しやすさ」などに加えて，「フランス産の○○シャトーワイン」，「○○さんが作った無農薬野菜」などのブランド食品を飲食したときの「満足感」や用途別の調味料や冷凍食品など，便利さが作り出す「節約できた時間」も価値の1つになると考えられる．

これらヒトの感情に影響を与える多くの側面に対応する「商品価値」を評価する「商品評価」が，今後の広義の官能評価の展開であり，それらの的確な評価手法の確立が今後の課題となると思われる．

参 考 文 献

1) Popper, R. and Kroll, D. R. (2005) Just-about-right scales in consumer research. *Chemo Sense*, **7**, 1-6.

2) Ueda, R., Araki, T., Sagara, Y., Ikeda, G. and Sano, C. (2008a) Industrial sensory evaluation for developing ready-to-eat cup-soup product based on food *kansei* model. *Food Sci. Technol. Res.*, **14**(3), 293-300.

3) Ueda, R., Araki, T. Sagara, Y. Ikeda, G. and Sano, C. (2008b) Modified Food *Kansei* Model to Integrate Differences in Personal Attributes between In-house Expert Sensory Assessors and Consumer Panels. *Food Sci. Technol.*, **14**(5), 445-456.

4) 上田玲子，相良泰行：食品業界の商品開発における官能評価法，日本食品科学工学会誌，**56**(12), 607-613 (2009).

5) 上田玲子：「おいしさ」の官能評価と商品開発への活用，月刊フードケミカル(2007, 10).
6) 岡見建俊：賞味期限の科学的評価法(賞味期限の決まるまで)，日本生命科学協会，ILSI 別冊Ⅲ，164-168 (1995).
7) 山中正彦：新製品開発力強化，IE レビュー 198 号，**37**(5), 10-16 (1996, 12).

（上田玲子）

第2章 「おいしさを測る」とは

1. 「おいしさ」に関わる諸要因(図2.1)

「官能評価分析―用語」(JIS Z 8144 : 2004)(以下 JIS 用語)によれば,「おいしさとは,食品を摂取したとき,快い感覚を引き起こす性質」と定義されている.自己流にいえば「おいしさとは食品を摂取し,嚥下するまでのプロセスにおいて感じる総合的な満足感」といえるであろうか(狭義).といっても単に感覚的なもの(味覚,嗅覚など)だけではなく,味わう人の心理的・生理的状態,あるいは食べる環境など,いろいろな要因が影響している(広義).以下,その概略につき説明する.

1.1 食品を構成する「おいしさ」の要因

食品の味は,たんぱく質を構成するアミノ酸(甘味,苦味,うま味など各アミノ酸が呈する味),有機酸(酸味),糖類(甘味),核酸(うま味)などで,それぞれの物質はいずれも水溶性である.現在,生理学的に見て世界共通に認識されている味の種類は甘味,塩味,酸味,苦味,うま味の5種類で,これらを基本味(あるいは五原味)という.この5種類の味が食品の「おいしさ」に大きく影響している.食品の主な呈味成分を表2.1に示す.その他,トウガラシの辛味,茶の渋味なども「おいしさ」に関わる物質であるが,これらは脳への刺激伝達経路(後述)が五原味と異なるので,基本味には入れない.

食品の香りは非常に複雑で,単一物質がその食品の香りを特徴づけている場合は少なく,何百種類もの成分が作用しあって食品独自の香りを醸し出している.また,タマネギを刻む,ニンニクをすりつぶす,肉・魚を焼く,食材を加熱するなどの調理操作中に香気成分が生成・消失(揮発)されるなどの

化学反応を起こし，香りはいろいろ変化する．なお，食品の呈味成分が水溶性であるのに対し，香気成分は揮発性の物質で，非常にデリケートな成分でもある．食品の主な香気成分を表2.2に示す．

表2.1 食品の主な呈味成分(水溶性)

味の種類	食品名	主な呈味成分
甘味	砂糖, 菓子類 果実	しょ糖 しょ糖, 果糖, ぶどう糖
塩味	みそ, しょうゆ 漬け物, 佃煮	食塩(塩化ナトリウム) 〃
酸味	食酢 りんご かんきつ類 ぶどう 漬け物, ヨーグルト	酢酸 リンゴ酸 クエン酸, アスコルビン酸 (ビタミンC) 酒石酸 乳酸
苦味	茶, コーヒー ビール(ホップ) チョコレート, ココア かんきつ類	カフェイン イソフムロン テオブロミン リモノイド
うま味	こんぶ かつお節 しいたけ	グルタミン酸ナトリウム イノシン酸ナトリウム グアニル酸ナトリウム

表2.2 食品の主な香気成分(揮発性)

食品名	香気成分	食品名	香気成分
酒類	エチルアルコール	りんご	エチルメチルメチレート
バニラ	バニリン	ぶどう	アントラニル酸メチル
レモン	シトラール	もも	γ-ウンデカラクトン
じゃがいも	メチオナール	しそ	ペリルアルデヒド
はっか	メントール	こしょう	シトロネラール
バナナ	イソアミルアセテート	たまねぎ	ジプロピルジスルフィド
グレープフルーツ	ヌートカトン	にんにく	ジアリルジスルフィド
パインアップル	β-メチルチオールプロピオネート	バター	2,3-ブタネジオン
しいたけ	レンチオニン	チーズ	酢酸, カプロン酸

このように，食品の味や香りの成分はいずれも化学物質であることから，「おいしさ」の化学的要因という．これに対し，食品の温度・色や形状・テクスチャー・咀嚼音（そしゃく）などは，熱・光・噛み砕く力・音波などの物理的な刺激によって感知するので，これらを「おいしさ」の物理的要因という．

1.2 ヒトが感じる「おいしさ」の要因

① 感覚的要因

食卓に料理が並ぶと，ヒトは食べる前にまず視覚により「おいしそう」とか「まずそう」などと判断する．そして香気成分は鼻孔に入り，嗅覚に刺激を与える．口内では咀嚼しながら歯ざわり・舌ざわり（触覚），咀嚼音（聴覚），そして味（味覚）など，食品の「おいしさ」は主に5つの感覚器官（視覚，嗅覚，味覚，触覚，聴覚）の働きによって判断をしている．また後述するが，わさびの，鼻にツーンとくる刺激（痛覚），食品の温度（温度感覚）なども関与している．

② 生理的・心理的要因

風邪を引くと，鼻づまりにより一時的な嗅覚障害を引き起こし，食味が変化する．発熱すると，「おかゆと梅干し」のようなさっぱりしたものをおいしく感じるなどのように，健康状態も「おいしさ」に影響する．また，単なる無味の水であっても，喉が渇いているときやスポーツ後に飲む冷たい水は特においしく感じたり，空腹時は何を食べてもおいしいが，満腹時はおいしいものでも食べたくない（「甘いものは別腹」という説もある）．また，体力があるときとないときでは，脂っこいもののおいしさの度合いは異なるなど，ヒトの生理的状態は食品の「おいしさ」に影響を及ぼす．

また，悲しいとき・緊張しているときの食事はおいしくないが，うれしいとき・気分さわやかなときの食事はおいしく食べられるなど，食べる人の心理的状態により，同じものを食べてもそのときの気分次第で「おいしさ」は変わる．

③ その他の要因

「おいしさ」に関わる要因として，喫食環境（共食者，配膳，部屋の雰囲気など），食経験，食習慣，生活程度などいろいろあるが，食情報によるとこ

1. 「おいしさ」に関わる諸要因　　　　17

ろも大きい．たとえば，商品コマーシャル，パッケージ表示(原産地，栄養
成分，添加物，企業名など)，価格などは「おいしさ」に大きく関与してい
ると考えられる．

　以上のように，食品のおいしさは，視覚・嗅覚・味覚・聴覚・体性感覚

感覚的要因

① 味覚：舌面での味わい．いわゆる5つの基本味(甘味，
　　塩味，酸味，苦味，うま味)のバランスがポイ
　　ント．
② 嗅覚：食品の香り．料理から漂う香りは，食する前に
　　そのおいしさを予測することができる．
——化学的要因

③ 視覚：色，形，大きさ，つや，料理の盛りつけなどの
　　見た目(第一印象)．
④ 聴覚：咀嚼時の発生音(たくあんやせんべいなどのか
　　み砕く音，そばをすする音など)．
⑤ 体性感覚
　(1) 触覚：かたさ，なめらかさ，弾力性，飲み込みや
　　　すさなど．
　(2) 痛覚：ワサビ(鼻にツーンとくる)，トウガラシ
　　　(口内がヒリヒリする)などの感覚．
——物理的要因

　(3) 温度感覚：辛味，食品の食べる適温(熱い，冷た
　　　い)など．
⑥ 複合感覚(例)
　・渋味：味覚と触覚―緑茶(タンニン)，渋柿(シブオー
　　　ル)など苦味(味覚)とともにあと味に吸着感が残
　　　るような感覚(触覚)．
　・辛味：痛覚と温覚―トウガラシやしょうがなどは辛味
　　　(痛覚)とともに体が温まる(温覚)．
　・炭酸の味：飲料の呈味(味覚)，のどごし・あと味(触
　　　覚)，炭酸の刺激(痛覚)，爽快感など．

おいしさ

生理的要因　時刻(空腹感・満腹感など)，健康状態，年齢など．

心理的要因　喜怒哀楽，思い出など．

そ　の　他　地域性，雰囲気(食器，場所，共食のメンバー，会話など)．
部屋の環境(照明，温度・湿度など)，季節，食経験，食情
報など．

図2.1　食品の「おいしさ」に関わる要因

（触覚・温度感覚・痛覚）などの感覚的要因以外に，食経験・食情報・雰囲気・健康状態などを含め，ヒトの感性を総合して認知されているのである．これらをまとめて図2.1に示す．したがって，レシピー開発・改良など，研究室で行う官能評価は，感覚的要因以外をなるべく排除し，食品そのものの「真のおいしさ」を追求するために，官能評価室の設備を整えるなどの配慮が必要である．

1.3 「おいしさ」を感知するメカニズム

食品を構成するいろいろな呈味成分や香気成分は，どのような仕組みで感知しているのであろうか．以下に，その伝達経路と関連事項について説明する．

(1) 味覚の伝達経路（図2.2，図2.3）

舌を出して鏡で見ると，舌一面に小さな粒状のものがある．これを乳頭という．乳頭は無数存在するが，味覚に関与するのは有郭乳頭(舌の奥)，葉状乳頭(後部側面)，茸状乳頭(主に舌の先端に分布)の3種類で，いずれも有限である．最も少ないのは有郭乳頭(7～8個)である．乳頭には呈味成分を受け入れる味蕾(花の蕾のような形をしている)が多数存在している．味蕾は，約50～100個の味細胞からなる集合体で，味を感知する上で重要な働きをする．味蕾の総数は乳児で約10,000個であるのに対し，成人で約7,500個である．さらに加齢とともに少なくなり，75歳以上で顕著な減少が見られるという．味蕾は舌面のほか，軟口蓋(上あごのやわらかい部分)や咽頭・喉頭部にも分布しているので，「あと味」や「のどごしの味」などを感じることができる．

食べものを口に入れると，それに含まれる呈味成分が水や唾液によって溶解される．この刺激が舌面に触れると，乳頭から味蕾の先端にある味孔内に入り，味細胞の表面膜にある味覚受容体でキャッチされる．受容体は少なくとも5種類(甘味・塩味・酸味・苦味・うま味の受容体)存在することが明らかになっている．

1. 「おいしさ」に関わる諸要因   19

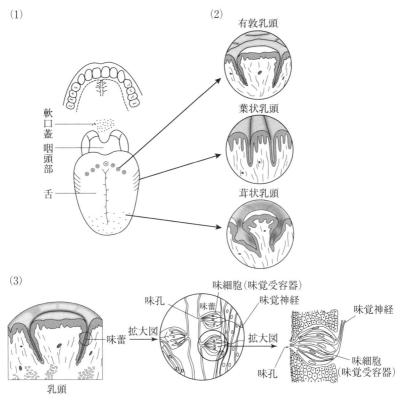

図 2.2 味を感じる場所（文献 7, p. 8, 文献 11, p. 53）
(1) 口腔内の乳頭存在部位
(2) 乳頭の断面図
(3) 味蕾の拡大図

　さらに，この味覚情報は電気信号に変換され，味細胞に結合している味覚神経を介して延髄に送られ，唾液分泌などの味覚反応を引き起こす．そして延髄の孤束核から大脳皮質味覚野に伝達され，甘い・酸っぱいなど味の識別が行われる．さらに味覚情報は扁桃体に送られ，味の好き嫌いの判断やその学習が行われる．同時に大脳皮質前頭連合野にも送られ，味覚情報と嗅覚・視覚・触覚・温度感覚などの情報が統合されて，食べているものが総合的に認知される仕組みになっている．また，この大脳皮質前頭連合野は，扁桃体や視床下部（食欲中枢）からも情報を受けるので，嗜好性や空腹時・満腹時の

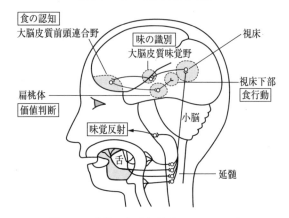

図 2.3　味覚の伝達経路（文献 11, p. 55）

嗜好性変化などの食行動もこの部位で生じるといわれている．

　以上のように，われわれが日頃味わっている食品の味は，舌に存在する受容体で受けとめ，複雑なメカニズムを経て大脳に伝わり，「おいしい」とか「まずい」などの総合的判断をしているのである．

(2) 嗅覚の伝達経路（図 2.4）

　香りの刺激（香気成分）が受容されるには，2つの経路がある．1つは食品の香気成分が揮発し，鼻孔から鼻腔に入る．もう1つは直接口に入った香気成分の刺激が中咽頭（喉の少し手前の部位）から鼻腔に入る．後者の感覚を一般に「風味」（フレーバー）という．共に鼻腔に入った刺激は，鼻腔内の上皮（嗅上皮）にある嗅粘膜内の嗅細胞（受容体）でキャッチされ，電気信号に変換され，嗅神経を経て，嗅球に伝えられる．さらにこの情報は大脳皮質にある嗅覚野に達し，香りの質や種類を認識する．嗅覚受容体は，香りの種類によりそれぞれ異なる受容体が反応する仕組みになっていて，ヒトが識別できる香りの数は 3,000～10,000 程度といわれる．

　なお，「匂いの受容体および嗅覚システムの組織化の発見」に関する研究で，リチャード・アクセル博士（コロンビア大学）とリンダ・B・バック博士（フレッド・ハッチンソンがん研究センター）は，2004年度のノーベル生理

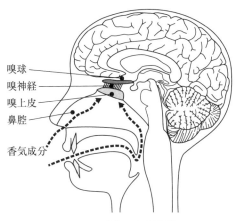

図2.4 香りの伝達経路

学・医学賞を受賞した．

(3) 視覚の伝達経路(図2.5)

視覚は，ものの形・大きさ・色・つやなどを識別する感覚で，食品の第一印象(見た目)としておいしさに影響を与える．外界から目に入ったものの姿・形(光刺激)は，角膜から前房(ぜんぼう)(前眼房水)→瞳孔→水晶体(レンズ)→硝子体(しょうしたい)を経て網膜へ伝えられる．網膜は眼球内面の硝子体を包む膜で，光刺激に反応する視細胞が多数存在している．外界の映像(光刺激)はここに写し出され，その情報は視神経を経由して大脳皮質の視覚野に達する．ここではじ

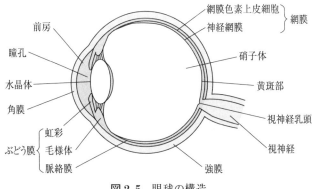

図2.5 眼球の構造

めて色・形などを知覚し，これらの刺激に対して，よい・わるい，こい・うすい，大きい・小さいなどを感知する．

(4) 聴覚の伝達経路(図2.6)

音刺激は，まず外耳を通って中耳の鼓膜に伝わる．鼓膜は音刺激によって振動し，内耳に伝えられる．そして内耳にある蝸牛(かぎゅう)(音波を感知する有毛細胞からなる受容器)で音刺激をキャッチし，電気信号に変換され，聴覚神経

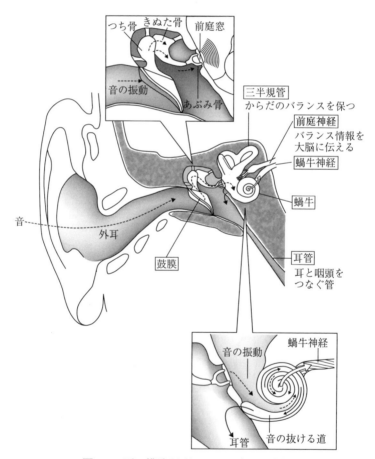

図2.6　耳の構造(文献12, p.95(一部加筆))

(蝸牛神経)経由で大脳皮質の聴覚野に伝達される．ここではじめて「心地よい音」「騒々しい音」などとして知覚される．せんべいやたくあんの咀嚼音・そばをすする音・肉を焼く音や食事環境(うるさい環境，心地よい音楽を聴きながら)などはおいしさに影響を及ぼす要因である．

(5) 体 性 感 覚

食品を口に入れると，味覚・嗅覚以外に触覚・痛覚・温度感覚などにも反応する．これらの刺激はいずれも個々の受容器を持つが，三叉神経を介して大脳に伝達され，かたい・やわらかい，痛い，熱い・冷たいなどと感知する．また，これらの感覚は体の表面(皮膚)ならどこでも感じることができることから総称して体性感覚という．

① 触　　覚

食品を手・指で触ったときのかたさ(食パンのふわふわ感など)／咀嚼時に感じる舌ざわり・歯ざわり／嚥下時の飲み込みやすさ・のどごしなど，皮膚や口内粘膜が刺激されることによって引き起こされる感覚を触覚という．

② 痛　　覚

皮膚または粘膜に物理的・化学的刺激が加えられたとき「痛い」と感じる感覚のことである．肌で感じる痛覚(皮膚にある痛覚受容体がキャッチする)，口腔内・鼻腔内で感じる痛覚(口や鼻の粘膜にある痛覚受容体がキャッチする)など，いずれも三叉神経を経由して脳に伝えられ，痛みを感じる．例えば，トウガラシ・こしょう・しょうがなどの辛味成分などは痛覚成分である．

③ 温度感覚(温覚・冷覚)

温度感覚には温覚と冷覚があり，口腔内において32℃ 以上の温度で刺激されたとき引き起こされる感覚を温覚，25℃ 以下の温度またはメントールなどの化学的刺激で引き起こされる感覚を冷覚という．皮膚や口腔粘膜で温度を感じる場所を温点といい，顔面や手首には $1〜4$ 個/cm^2 の温点があるのに対し，口腔内には多くても 1 個/cm^2 程度である．

（6）複合感覚（例）

① 渋　　味

緑茶や渋柿で代表される渋味刺激は，味覚神経（苦味受容体を介するともいわれる）および三叉神経を経由して脳に伝達されるので，味覚（苦味）と触覚（舌面に吸着されるような感覚）の複合感覚と考えられている．

② 辛　　味

トウガラシやしょうがを食べると，ピリッと辛い刺激とともに，からだがポカポカ温かくなり，時には汗が出たりするなどの経験をしたことがあると思う．トウガラシやしょうがなどの辛味刺激は，三叉神経経由で脳に伝達され，温覚（熱い）および痛覚（痛い）が刺激される．

最近，トウガラシの辛味成分であるカプサイシンが，バニロイド受容体（温熱・痛み受容体）を介して受容されることがわかってきた．なお，カプサイシン以外の辛味物質に関しても何種類かの受容体が存在すると考えられている．

③ 炭酸の味

ビールやコーラでおなじみの「炭酸の味」．炭酸飲料に含まれる炭酸ガスは，容器内では水に溶解しているが，開栓と同時に泡となって発生する．口内では，この泡と溶液に含まれる呈味成分が共に刺激となっていろいろな感覚が生じる．たとえば清涼飲料水の甘味や酸味などの呈味成分は，味覚神経を経由して脳に伝えられるが，水に溶解した炭酸ガス（溶存炭酸ガス）は味覚神経を経由せずに三叉神経経由で脳に伝達される．そして，脳内では複合感覚となって，あの爽快感を感じているのである．

（7）味覚の相互作用（表2.3）

食べものを口に入れ咀嚼することにより，素材や調味料に由来するいろいろな呈味成分が舌面で混合され，互いに影響しあって味を強くしたり，弱くしたり，変化させたりという現象が生じる．味覚の相互作用といって，相乗効果，対比効果，抑制効果などが代表的である．

以上のように，「おいしい」とか「まずい」といっても，そこにはいろい

ろな要因が絡んでいるのである.

表2.3 味の相互作用

	現　　象	例
相乗効果	・同質な2つの呈味刺激を同時に与えたとき，両者の和以上（数倍以上）にその味が増強される現象.	・2つのうま味成分グルタミン酸ナトリウムとイノシン酸ナトリウム（またはグアニル酸ナトリウム）を併用すると，うま味の強さは数倍に増強される．この効果を利用した「うま味調味料」が市販されている. ・かつお節とこんぶ，肉と野菜など，動物性食品と植物性食品を併用すると，うま味の強さは数倍に増強される.
対比効果	・異質な2つの呈味刺激を同時に，あるいは継続的に与えたとき，片方の味が他方の味を強める現象．前者を同時対比，後者を継続対比という.	・汁粉，あんなどの甘いものを作るとき，隠し味として少量の食塩を加えると甘味は一段と強く感じる（同時対比）. ・スイカやトマトに食塩を振りかけて食べると甘味を強く感じる（同時対比）. ・甘いものを食べた後に酸っぱいものを食べると，酸味をより強く感じる（継続対比）.
抑制効果	・異質な2つの呈味刺激を同時に与えたとき，一方の味が他方の味を抑制し，弱める現象.	・コーヒーに砂糖を入れることにより苦味は弱く感じる. ・酸っぱい果物に砂糖をつけて食べると酸味が和らぐ.
変調効果	・異質な2つの呈味刺激を継続的に与えたとき，先に味わった味の影響で後に味わう味が変化する現象.	・濃厚な食塩水を味わった後の水は甘く感じる. ・するめを食べた後のミカンは苦く感じる. ・ミラクルフルーツの抽出物「ミラクリン」を味わった後では，酸っぱいものが甘味に変化する.

2.　「おいしさ」の測定方法

では，「おいしさ」はどのようにして測るのか．いわゆる官能評価に関する事項の説明に入るが，紙面の都合上，詳細は既刊の『おいしさを測る』を参照にしてほしい．ここでは補足説明に留める.

2.1 官能検査から官能評価へ

まずここで，用語の変更について簡単に説明しておこう．従来，評価内容にかかわらずヒトの感覚で評価することを「官能検査」と称していた．官能検査に関する JIS 規格でも「官能検査通則」（1979 年），「官能検査用語」（1990 年）として制定されていた．2004 年，これらは「官能評価分析―方法」（JIS Z 9080 : 2004 年）および「官能評価分析―用語」（JIS Z 8144 : 2004 年）に改定され，JIS 用語（2004）として，従来の「官能検査」（sensory-test）は官能評価（sensory-evaluation）に変更された．

また，工場などで行う品質の良否判定・製品の規格検査など，ヒトの感覚で行う検査・試験は「官能試験」（sensory-inspection）と称し，「官能評価」と区別している．時代背景から見ると，日本における官能検査の出発点は，品質管理などの検査において重宝されていた．しかし近年，商品の多様化に伴い，製品の改良・新製品の開発など，特に食品分野における官能検査は広範に活用されるようになり，その内容は「検査」をしているのではなく「評価」をしているというのが実情である．したがって，名称の変更は時代の流れに相応しているといえよう．

2.2 パネルについて

(1) パネルの分類

パネルの名称，特性，対象例をまとめ，表 2.4 に示す．

(2) 評価者(パネル)の選定方法（既刊『おいしさを測る』p. 7～15 参照）

「5 味の識別テスト」において，苦味物質として使用していた硫酸キニーネは，苦味の代表物質として古くから味覚関連研究の実験に使用され，そのデータも多い．しかし，食品添加物に指定されていない．そこで，この物質の代わりにカフェイン(コーヒーの苦味成分)0.02g/100mL 溶液(参考：日本調理科学会誌 30(2)，1997，p. 200)を用いて 5 味の識別試験を行った結果例を表 2.5 に示す．

2. 「おいしさ」の測定方法　　27

表2.4　パネルの分類

名　称*	パ　ネ　ル　の　特　性	主な対象者例
評価者 (assessor)	官能評価に参加する人.	―
適正評価者 (selected as- sessor)	「選ばれた評価者」ともいう. 事前に識別試験などで選抜し, 当該の評価を遂行するだけの能力があるとして選ばれた人.	社内味覚審査員
パネル (panel)	官能評価に参加する評価者の集団.	社内従業員, 研究者, 学生, 消費者
分析型パネル (analytical panel)	試料の官能特性を分析的に評価するときに用いるパネル. 評価に必要な官能特性について教育・訓練を受け, 試料の僅少差の検出, 欠点の発見などを評価する専門家(expert)の集団. 評価者自身の嗜好を意識しないで評価することが要求される.	品質管理担当者, 研究者, 製品開発担当者
嗜好型パネル (preference panel)	嗜好特性を評価するパネル. 試料に対する消費者の嗜好を予測するためのパネルなので, パネルは目的とする消費者の嗜好を代表するように構成される.	好き嫌いが少なく, 健康な人
消費者 (consumer)	製品を利用する人. 特別な感度, 専門的な知識は問わないが, 評価対象物を実際に消費する可能性のある人が対象となる. 特に年齢・性別・試料に対する嗜好などが影響する.	子供, 主婦, サラリーマン, 男女別, 年齢階層別

＊：JIS用語より選択

表2.5　5味の識別試験結果例

味の種類		甘　味	塩　味	酸　味	苦　味	うま味
溶　　質		しょ糖	食　塩	酒石酸	カフェイン	MSG*
g/100mL		0.4	0.13	0.005	0.020	0.05
正解率 %	A	83	88	83	61	64
	B	85	80	83	62	79

＊MSG：グルタミン酸ナトリウム
A欄：食物専科の女子大生($n=203$), （古川：未報告）
B欄：新入社員($n=363$), (Ueda et al., Food Sci. Technol. 14(5), 2008, p. 450, Table 2)（一部加筆）

28　　　　　　　　第2章　「おいしさを測る」とは

2.3　官能評価の方法および解析法

　詳細については，既刊『おいしさを測る』(p. 19〜65参照)に紹介しているので，ここでは主な官能評価の方法および解析法を一覧表にまとめた(表2.6).

表2.6　官能評価の方法および解析法

名　称*	方　法	解　析　法
① 2点試験法 paired comparison test	2種の試料(刺激)を比較して，刺激の強さ，好みなどにつき二者択一をする方法	
（1）2点識別法 paired difference test	刺激に対する反応が，正しいか否かの判定が可能な比較の場合を2点識別法という(例えば食塩濃度の異なる溶液の比較)	$p=1/2$ の二項検定 (片側検定)
（2）2点嗜好法 paired prefference test	刺激に対する反応が，正しいか否かを問われない比較の場合を2点嗜好法という(例えば好みの比較)	$p=1/2$ の二項検定 (両側検定)
② 3点試験法 triangle test	2種の試料(刺激)を識別する方法であるが，(A, A, B)あるいは(A, B, B)のように3個1組の試料から異質な試料を1個選択する方法	$p=1/3$ の二項検定 (片側検定)
③ 2:5点試験法 two-out-of-five-test	2種の試料(刺激)を識別する方法であるが，(A, A, B, B, B)あるいは(A, A, A, B, B)のように5個1組を提示し，AとBに分類させる方法	$p=1/10$ の二項検定 (片側検定)
④ 配偶法 matching	4種以上の試料(刺激)を2組用意し，各組より同種の試料を組み合わせる方法	検定表を使用
⑤ 順位法 ranking	3種以上の試料(刺激)を比較して，刺激の強さ，好みなどについて順位をつける方法	
	（1）試料(刺激)に対し客観的な順位が存在するとき(例えば濃度差をつけた食塩溶液の順位づけ) （2）n人(n回の繰り返し)の反応について判定(順位)の一致度を見る場	（1）スピアマンの順位相関係数 r_s （2）Kendall の一致性の係数 W

2. 「おいしさ」の測定方法　29

	合 (3) n 人(n 回の繰り返し)で各試料につけられた順位合計をもとに各試料間の差異を見る	(3) 検定表を使用
⑥ 採点法 scoring	1種以上の試料(刺激)に対し指示された評価尺度により採点する方法	
	2種の試料につき評価した場合： (1) 評価者は1種の試料のみ採点 　　(パネル数：$n_1 + n_2$) (2) 評価者は2種の試料につき採点 　　(パネル数：n) 3種以上の試料につき採点した場合： (3) 評価者は1種の試料のみ採点 　　(パネル数：$t \times n$, t：試料数) (4) 評価者は全試料につき採点 　　(パネル数：n) (5) 試料数が多数の場合	(1) 平均値の差の検定―ヴェルチの方法―(t-検定) (2) 対応のある平均値の差の検定(t-検定) (3) 分散分析(一元配置法) (4) 分散分析(二元配置法) (5) 分散分析(つり合い不完備型計画(BIB))
⑦ 一対比較法 method of paired comparisons	3種以上の試料(刺激)を比較する方法であるが，各試料を2つずつ組み合わせて${}_t C_2 = t(t-1)/2$ 通りの組み合わせを作り，各対について2点試験法で行う．	
	(1) 組み合わせのすべてを1人で1回のみ評価した場合 (2) 組み合わせのすべてを1人で評価し，これをn人で繰り返し行った場合 (3) シェッフェの方法(各対の比較において単に二者択一ではなく差の程度を採点する)	(1) 一意性の係数ζ(χ^2-検定) (2) 一致性の係数U (3) 分散分析
⑧ SD法 semantic differential method	評価対象物(試料)の特性(あるいは印象)を描写するために10〜30個程度の対称用語(例えば，おいしい―まずい，強い―弱い，など)をもとに5〜9段階の評価尺度上に評定する方法	因子分析，主成分分析

＊：JIS用語より選択

2.4 官能評価結果に影響を及ぼす要因とその対策

官能評価結果に影響を及ぼす要因とその対策について，表2.7に示す.

表2.7 官能評価の結果に影響を及ぼす要因とその対策

	内　　容	対　策　例
① 記号効果 code bias	提示する試料の性質に関係なく，試料につけた記号(コード)が判定(評価)に影響を与える現象. 例えば使用するコードは9(苦)，4(死)より7(ラッキーセブン)の方が好まれる可能性があるかもしれない.	このような効果が出ないような試料コード(例えばランダムな3桁の数字，試料に直接関わりのないアルファベットなど)を用いる.
② 順序効果 order effect	2種の試料を比較するとき，先に味わった試料の影響を受けて後から味わった試料の評価が偏るという心理的効果. 先に味わった試料を過大評価するときを正の順序効果，逆の場合を負の順序効果という.	A(またはB)を先に，B(またはA)を後に味わう人を等分にする. シェッフェの一対比較法では試料の順序効果の有無を検出することができる.
③ 位置効果 position effect	提示する試料の置かれる位置が判定(評価)に影響する現象. 例えば3点試験法における組み合わせ(A, B, B)で，試料Aを置く位置によって結果に影響が出る可能性がある.	この影響を少なくするには試料Aを一定の場所に置かないで左，右，中央に(あるいはランダムに)偏りなく置く配慮が必要である.
④ 残存効果 remainning- taste effect	2種の試料を味わうとき，先に味わった試料(刺激)が舌面上に残り，後から味わう試料の評価に影響を及ぼす現象. 例えばグルタミン酸ナトリウム溶液を先に，イノシン酸ナトリウム溶液を後から味わった場合，舌面上でうま味の相乗効果が起こり，イノシン酸ナトリウムの味は本来の味より強力な味となる.	一口味わうごとに口内を水でよくすすぐことにより，残存効果をより少なくすることができる.
⑤ 組み合わせ 効果	一対比較法において，試料AとBを組み合わせたことによって生じる影響のこと. 例えば品質A:高級品，B:中級品，	シェッフェの一対比較法では試料の組み合わせ効果の有無を検出すること

combination effect	C：低級品の三者を食べ比べたとき，A と C，B と C における C の評価は同じ C で あっても B と比べたときより A と比べる と一段とまずく感じる．このような効果 を組み合わせ効果という．	ができる．
⑥ 期待効果 expectation effect	提示される試料に対し，評価者が何らか の先入観によって判定(評価)に影響を及 ぼす心理的現象．例えばブランド名や価 格，産地などを記した試料を提示する と，評価者自身が持っている価値観で評 価する可能性がある．	商品開発ではこのような 評価を必要とするケース もあるが，一般的な官能 評価ではこのような影響 が出ないよう配慮して行 うことが基本である．
⑦ 訓練効果 training effect	評価者を訓練することにより判定(評価) の精度が向上すること．一般に目的に適 した訓練を施すと感覚(判定能力)が向上 し，より精度の高い評価が可能になる．	分析型パネルには訓練を 行い，評価の安定を図る ことが必要である．
⑧ 疲労効果 fatigue effect	評価する試料が継続的に与えられると， ある時点で精神的・身体的な疲労が生 じ，評価に対する注意力や意欲が減退 し，正しい判断ができなくなる現象．	提示する試料数は，内容 (判断)の難易度，質問項 目数などにより配慮する 必要がある．また評価者 が心身共に健康なときに 行うことも大切である．

3. 食品開発に役立つ官能評価手法

　食品開発途上における官能評価の流れについてはすでに第 1 章で詳述して いるが，その中で特に繰り返し行われるのが，コンセプトに適った目標品の レシピー開発に関わる官能評価であろう．特に開発初期段階における市場商 品(モデル品を含む)のポジショニング評価からはじまって，コンセプトの確 認をした上での試作品と改良品，試作品と他社品との比較等に時間が費やさ れる．最も重要なことは官能評価を行う目的を明確にし，それに即した方法 の選択，そして評価用紙(評価用語の選択)の作成である．

　統計解析面からいうと，採点法や SD 法のように点数で評価したデータ は，パソコン用統計解析ソフトの開発により，平均値の差の検定や分散分析 以外に回帰分析，相関分析，因子分析，主成分分析，クラスター解析，数量

32　　　　　　　　　　第2章　「おいしさを測る」とは

化Ⅰ・Ⅱ類などの解析を迅速に行うことができるので，より有効な情報を読み取ることができる（第4章参照）．多数のパネルが利用できるならば，試料数が多くても評価は可能である．例えば，つり合い不完備型計画（BIB）が有効である（既刊『おいしさを測る』p. 43〜49参照）．このような主旨から，ここでは採点法に関する基礎情報について解説する．

3.1　採点法（scoring）

先の表2.6⑥に示したように，採点法というのは「1種以上の試料に対し，指示された評価尺度により採点する方法」である．統計解析を行う上で，尺度値（評点）に対応する用語の等間隔性が問題になるので，ここでは専門書に掲載されている評価尺度例を挙げる（例1〜8）．

尺度値が［9〜1］のように，正の整数値が並ぶタイプを単極性尺度，［+3〜0〜−3］のように0を中心に+と−に分かれているタイプ（例6）を両極性尺度という．なお，両極性尺度は，明確な反対語が存在する場合のみ使用する．

【例1】強度を評価するための6段階尺度

1　（全く）感じない
2　非常に弱く（感じる）
3　弱く（感じる）
4　はっきり（感じる）
5　強く（感じる）
6　非常に強く（感じる）

　　引用：（例1〜3）参考文献9
　　　　　（p. 19）

【例2】かたさを評価するための7段階尺度

1　非常にかたい
2　かたい
3　わずかにかたい
4　かたくもやわらかくもない
5　わずかにやわらかい
6　やわらかい
7　非常にやわらかい

【例3】9段階嗜好尺度

9　最も快い
8　かなり快い
7　少し快い
6　わずかに快い
5　快いとも快くないともいえない
4　わずかに不愉快である
3　少し不愉快である
2　かなり不愉快である
1　最も不愉快である

3. 食品開発に役立つ官能評価手法　33

【例4】各尺度に使う用語の例

9段階	7段階	5段階
非常に	非常に	非常に
とても	とても	やや
やや	やや	どちらでもない
わずかに	どちらでもない	やや～ない
どちらでもない	やや～ない	非常に～ない
わずかに～ない	とても～ない	
やや～ない	非常に～ない	
とても～ない		
非常に～ない		

【例5】9段階嗜好尺度の例

非常に好き
とても好き
まあまあ好き
どちらかといえば好き
好きでも嫌いでもない
どちらかといえば嫌い
嫌い
とても嫌い
非常に嫌い

引用：(例4～5)参考文献
15(p. 126)

【例6】評価尺度の例

5点法	両極7点法
5　良い	＋3　常に良い
4　やや良い	＋2　かなり良い
3　普通	＋1　少し良い
2　やや悪い	0　普通
1　悪い	－1　少し悪い
	－2　かなり悪い
	－3　非常に悪い

引用：参考文献15(p. 146)

【例7】日本語による9カテゴリー

9　最も　好き
8　かなり好き
7　少し　好き
6　やや　好き
5　好きでも嫌いでもない
4　やや　嫌い
3　少し　嫌い
2　かなり嫌い
1　最も　嫌い

引用：参考文献3(p. 681)

【例8】9, 7, 5カテゴリー嗜好尺度

カテゴリー(9)	カテゴリー(7)	カテゴリー(5)
9 like extremely		
8 like very much	7 like very much	5 like very much
7 like moderately	6 like moderately	4 like moderately
6 like slightly	5 like slightly	
5 neither like nor dislike	4 neither like nor dislike	3 neither like nor dislike
4 dislike slightly	3 dislike slightly	
3 dislike moderately	2 dislike moderately	2 dislike moderately
2 dislike very much	1 dislike very much	1 dislike very much
1 dislike extremely		
信頼係数*　＋0.96	＋0.89	＋0.92

*信頼係数(reliability coefficients)：1回目と2回目に行った試験での嗜好度の相関係数
引用：参考文献3(p. 678)

34　　　　　　　第2章　「おいしさを測る」とは

　一方，評価者にとっては「簡単で平易な」，レシピー開発担当者にとっては「活用しやすい」尺度用語が求められる．そして，評価尺度の基準は評価者全員に共通でなければならない．したがって，評価者に対し，事前に評価基準を説明し，内容の共有化を図ることが大切である．

　表2.8に，食品開発に活用している5段階尺度の例と評価基準について紹介する．なお，日常的に繰り返されるレシピー開発・改良の官能評価には，主に例1，例2の5段階尺度および総合評価(10点満点評価)を使うことにより，有効な情報を得ている．

表2.8　5段階尺度の例

【例1】

+2	強すぎる
+1	やや強すぎる
0	丁度よい
−1	やや弱すぎる
−2	弱すぎる

【例2】

+2	よい
+1	ややよい
0	ふつう
−1	ややわるい
−2	わるい

【例3】

+2	標準品より強い(よい)
+1	標準品よりやや強い(ややよい)
0	標準品と同程度
−1	標準品よりやや弱い(ややわるい)
−2	標準品より弱い(わるい)

　　例1：特性を表す尺度．評価基準(例えば塩味の強さ)は<u>自分の好み</u>からいうと，この食品の塩味の強さは〈丁度よい〉と思えば0にチェックする．
　　例2：嗜好を表す尺度．評価基準は自分自身の<u>食経験</u>からよしあしを判定する．
　　例3：標準品を基準として対象品を評価する．

3.2　2点提示型採点法

　レシピー開発における官能評価では，試作品と他社品の比較，試作品と改良品の比較など，2種の試料を採点法によって評価するケースが多い．この場合，「両者間の違いはわかるが，点差をつけるほどの差ではない」という判断で同点をつけるケースがある．これは「実際に差があるのに，差がないもの」として取り扱われることになる．これも1つのデータではあるが，「差がある」という貴重な1つの情報を見逃すことになる．また，平均値の差の検定を行う場合，その仮定として評点が正規分布型であることが前提となるが，嗜好の二極分化などのように，評点分布は必ずしも正規分布しているとは限らない(『既刊 おいしさを測る』p. 99〜102参照)．そこで，「同

3. 食品開発に役立つ官能評価手法   35

点」をつけた場合に限り，2点試験法のように二者択一(以下，choice)を強いれば情報は活かされることになる．なお，評点に差をつけている場合は，評点の高いほうが choice されたと考えれば，全体を通して choice データを用いて二項検定を行うことができる．このように，採点法と2点試験法を同時に組み込んだ官能評価を行うことにより，データに含まれる有効な情報を引き出し，食品開発に寄与する情報として活用することができる(実施例については本書5節 p. 44〜48 参照).

3.3 データの解釈

一般に，レシピー改良などにおいて，採点法で行ったデータについては評点の度数表，平均($\bar{x}$)，標準偏差(s)の値を見ながら結果を読み取ることが重要である．一例として，みそ汁の「塩味の強さ」に関するデータを表2.9に示す(評価尺度は，表2.8の例1を使用).

単純に平均値で見ると【case I】は $\bar{x} = -0.02$ で，「丁度よい塩味である」と読み取れる．また，評点の度数分布も0を中心に正規分布型を示し，統計学的には「よいデータ」として取り扱われるであろう．しかし，レシピー開発担当者にとっては「よいデータ」とはいえない．なぜなら，「塩味が丁度よい」と評価している人(評点0をつけた人)が42%で，「強すぎる反応(+2，+1の度数)」(28%)と「弱すぎる反応(-1，-2の度数)」(30%)がほぼ同率なので，塩味を強くしたほうがいいのか，弱くしたほうがいいのか，あるいは変更しないほうがいいのか，レシピー改良に苦慮するところである．

【case II】の塩味の強さについては $\bar{x} = -0.68$ で，「弱すぎる傾向」に出ている．また，度数分布を見ても60%の人が「弱すぎる反応」(-2，-1の

表2.9 採点法(5段階尺度)のデータ例($n = 50$)

case	-2	-1	0	+1	+2	$\bar{x}$	s
【I】	2	13	21	12	2	-0.02	0.91
【II】	7	23	17	3	0	-0.68	0.79
【III】	0	4	44	2	0	-0.04	0.34

判定度数)なので，塩味を少し強めたほうがよいのではないかと読み取ることができる．

【case III】では，平均値は0に近く，また88%の人が「丁度よい」（0の判定度数）と評価しているので，塩味の強さは変更せず，このままでよいと判断できよう．

このように，特性項目に関してはレシピー開発上，評価反応が0（丁度よい）にほぼ集約され，標準偏差の小さいデータが得られることが望ましい．また，嗜好項目（よい〜わるい，あるいは総合評価など）に関しては標準偏差が小さく，平均値の高いほうが望ましいことはいうまでもない．なお，レシピーは味のバランスが大事で，例えば塩味の濃度を変えたりすると他の味に影響が出る可能性がある（表2.3　味の相互作用参照）．したがって，いくつかの試作品を作り，それらの官能評価を行うことによってパネルの好みを把握する必要が出てくる．レシピー開発のベテランともなれば，データと自身のカンで，パネル（消費者）の嗜好に即した試作品を作ることができるようである．

3.4　評価尺度と統計解析

一般に計器でモノを測る場合，測定対象の特性に対応した尺度が設定されているので，測定値はバラツキが小さく，少数データでも再現性は得られる．また計器による測定でなくても，例えば数学の試験（100点満点）で80点とか50点などの得点は，0点と100点，1問正解で10点などのように採点基準（尺度）を決めて採点することができる．では，ヒトの感覚で評価する「おいしさ」について100点満点で評価する場合，その基準（尺度）を決めることはできるのか．

官能評価に限らず，一般に測定方法（用いる尺度の種類）により，許容される演算（和・差・比など）が決まる．そこで，まず尺度の種類とその定義について説明する．

① 比率尺度(ratio scale)

モノの重さについて考えてみよう. 正確な表現ではないが, 1kg の重さが国際的に定義されている. その 1000 倍は 1t, 1000 分の 1 は 1g などのように「単位」を定めているので, 計器の目盛りは「等間隔」に作ることが可能である. そして, 重量には「絶対的な原点 0」(ゼロ：無を意味する)が存在する. また, データ値(測定値)の和・差・比にも意味がある. このような尺度のことを「比率尺度」といい, 重さ・長さ・絶対温度などが該当する. 絶対温度の単位は k(ケルビン)で, これ以下の温度は存在しない温度を 0 k と定義している(ちなみに 0k ＝ － 273.15℃). したがって, 絶対温度は下記②に示す摂氏や華氏温度とは異なり, 比率尺度に該当する.

② 間隔尺度(interval scale)

正確な表現ではないが, 摂氏温度(単位：℃)は, 水の凝固点を 0℃, 沸点を 100℃ とし, その間隔の 100 分の 1 を 1℃ と定義している. したがって, 0℃ は比率尺度のような絶対的な原点 0(ゼロ)ではない. また, 目盛りの 0℃ を定義をしたことにより, 氷点以下の温度(負の値)も存在する. 温度計の目盛りは等間隔に設定されているので「熱が 2℃ 下がった」(差), 「40℃ の湯温を 5℃ 上げて 45℃ にした」(和)など, 測定値間の和・差の演算は意味がある. しかし, 「10℃ は 5℃ の 2 倍である」という比(乗除)の演算は意味を持たない. このような尺度を「間隔尺度」という. なお, 華氏温度(単位：℉)は, 水の凝固点＝32℉, 沸点＝212℉で, その間隔の 180 分の 1 が 1℉である. このように, 間隔尺度は自由に原点・単位を決めることができる.

③ 順序尺度(ordinal scale)

マラソンの着順, 成績の順位, 食品の嗜好順位のように, 順位(1 位, 2 位, …)を表す尺度, あるいは, 優→1, 良→2, 可→3 などのように序列が可能な尺度を「順序尺度」という. 測定値間の大小関係(1 位＞4 位, 2 位＞3 位, 良＞可など)に意味はあるが, 順序の差(1 位と 4 位の差＝3, 2 位と 3 位の差＝1)や比(例えば 6 位／2 位＝3)は意味がない. また, マラソンのようにタイムを測って 1 位と 2 位の差が 1 分, 2 位と 3 位の差が 3 分, 1 位と 3 位の差は 4 分など計算しても, その間隔差(タイム差)は順序には含まれない. すなわち順序尺度は, 「順序」は保証されるが「等間隔」である保証は

ない．したがって，1位，2位…などの数字は数量を表すものではなく，順序を数字により表しただけで，和・差・比は演算の意味がないとされる．

④ 名義尺度(nominal scale)

　性別：[1(男性)，2(女性)]，年齢：[1(10代)，2(20代)～6(60代)]，評価者：[No. 1, 2…]，嗜好テスト：[1(Aを好んだ人)，2(Bを好んだ人)]など，各データを分類するために便宜的に付けた数字は，単に符合に過ぎない．このような数字を当てた尺度を「名義尺度」という．1対象(例えば性別)の中で，名義尺度の数字が同じなら同じ分類に属することを意味する．したがって，尺度の数字(1，2など)をもとに演算を行っても意味がない．ただし，分類された数字の度数をカウントし，データとして取り扱うことは可能である(クロス集計などによるデータ解析)．

　これらの内容をまとめて表2.10に示す．なお，質的・量的データの統計解析法については第4章を参照のこと．

　以上のことから，比率尺度＞間隔尺度＞順序尺度＞名義尺度の順に「より水準の高い尺度」といわれる．高い水準の尺度で定義された測定値を，低い水準の尺度値に変換することは可能であるが，その逆はできない．

　では，先に提示した【評価尺度例】を用いて評価したデータの統計学的扱いはどうするのか．JIS Z 9080では「等間隔であるという前提のときだけ間隔尺度である．等間隔でない場合には，順序尺度とみなすべきであるし，ま

表2.10　尺度の分類および性質

尺度の性質	①比率尺度	②間隔尺度	③順序尺度	④名義尺度
1．原点0(ゼロ：無)が定義されている	○	×	×	×
2．原点は任意に定義することができる	×	○	×	×
3．目盛りが等間隔(単位が定義されている)	○	○	×	×
4．和・差・比の演算に意味がある	○	×	×	×
5．和・差の演算に意味がある	○	○	×	×
6．順序(大小)の比較可能	○	○	○	×
7．単なる符合	×	×	×	○
8．データの扱い	量的	量的	質的	質的

た，そう扱わなければならない」と明記している．官能評価データはばらつくことが前提であるから，ヒトの感覚を用いて等間隔な尺度を作ることはかなり難しい．したがって，順序尺度(質的データ)とみなして解析すれば問題はない．しかし，学術論文などを見ると，このような尺度を使って主成分分析，因子分析など，量的データとして扱っているケースは多い．主成分分析などの解析結果は，要約して図示される．用いた尺度が間隔尺度と断定できないまでも，それに近い尺度(矛盾のない順序成立の尺度)で評価した場合の結果は，「真」の結果より多少，左右・上下の positioning 変動はあるとしても，結果の大筋は読み取ることはできる(ただし，結果は断定しないほうがよい)．したがって，統計学的に有効な尺度であるか否かを正すのも大切であるが，実践の立場からいうと，実験の目的に適った尺度(段階数，尺度用語など)を選択し，必要ならば量的データとしての解析を行ってもよいのではないかと考える．評価尺度の選択として，例えば食品の嗜好調査(ご飯，チョコレート，ギョウザなど種類の異なる食品の好みに関する調査など)であれば「非常に〜」という「副詞」は有効であろう．そして，5段階より9段階尺度のほうがよいかもしれない(いや，9段階以上の尺度があってもよいかもしれない)．しかし，ギョウザの試作品(似たもの同士になりがち：僅少差)を採点する場合，「非常に〜」という表現を使う程の差があるか否か，9段階より5段階尺度のほうがよいかもしれない(3段階尺度でよいかもしれない)など，評価目的・評価対象物により慎重に選択すべきである．

　さらに，従来の基本的なデータ解析結果(評点の度数表，平均値，標準偏差，平均値の差の検定など)を読み取り，場合によっては多少無理があっても量的データとしての解析を試みるとよい．また当然のことながら，質的データ(順序尺度)として，数量化(Ⅰ〜Ⅳ類)やクラスター分析などの解析も有効である．実験担当者・関係者は事前の試食などを通して，ある程度の結果を予測することが可能で，それを実証するための官能評価であろう．緻密な実験計画をたて，想定範囲外の結果が出れば再テストを行うなどして，信憑性の高い，納得のいく結果を導くための企画力・解析力を身につけることが最も大切である．

4. KJ法による食品の官能評価用語の整理

KJ法とは,文化人類学者・川喜田二郎氏(1920～2009)がネパール探検(1958年)により得た膨大なデータをまとめるのに考案した情報整理法の1つで,イニシャルをとってKJ法と名付けられた.著書も多く,多分野で活用されている.彼は「KJ法は過去から未来につながる文明についての深い洞察に裏づけられた科学的・実践的な創造性開発の方法として,広く各界で採用され,実績をあげている」と公言している.

少し古い話であるが,KJ法を使った職場研修を受けた経験がある.職場の問題点を引き出し改善策をまとめるという内容で,ごまかしのきかない発言によって,いわゆる「本音を探る・探られる」ので,精神的に大変厳しいものであった.しかし最後に,模造紙にまとめた内容をグループ代表者が発表し終えた時の感動は今でも記憶に残っている.相手が語る言葉の真意を,グループ全員が共有するということの難しさとその重要性を,身にしみて感じた研修であった.これが1つのきっかけとなり,KJ法により官能評価用語を整理し,それをもとに,評価用紙の作成を多々試みた.既刊の『おいしさを測る』に掲載した「塩化カリウムの呈味測定」(p. 71～74)や「栄養ドリンク11種の評価」(p. 61～66)などの評価用語は,いずれもKJ法によって整理したものである.最近では,学会誌や官能評価関連の出版物に「KJ法により…」という記述が見受けられるようになったが,詳述されていない.そこで自身の経験をもとに,KJ法により評価用語の収集・整理を行い,評価用紙の作成を行う授業を試みたので,その一例を紹介する.

なお,パソコンによって用語の入力から情報整理まで行うソフトがすでに開発されている.

4.1 KJ法の手順

KJ法には,カード(ラベル)づくり → グループ編成 → 表札づくり → 空間配置 → 図解化 → 文章化という基本的なステップがある.ここではKJ法の応用としてチョコレートを例に,筆者なりの進め方・表現でその手順を

説明する.

　① テーマ設定―[例] チョコレートの官能評価用語の整理―

　② 提示する試料の準備：テーマに適った食品を選択することが基本である.　討議者(この例では女子大生6人)が, それぞれ自宅近くのスーパーやコンビニでチョコレート売り場を見たり, 店員に売れ筋商品を聞いたりして1人4種のチョコレートを購入.　それらを持ち寄り, その中から特異な商品(例えばカロリー控えめ, ハート型, ホワイトチョコなど)は除き, 知名度の高い商品, 新製品など8種を選択.

　③ 全体を通して進行時間の調整やアドバイスなどができる進行係を1名決める(討議者以外の主担当者).

　④ 以下のステップ順に, 用語を収集・整理する.

●ステップ1：用語の収集(カードづくり)

　いわゆる対象食品の特徴を具現化する作業である.　討議者は, 円卓あるいは□型に着席.　まず各人にカードを12枚与え, 提示された食品を見たり, 食べたりして感じたことを具体的な用語で表現し, カードに記入する.　1枚のカードに1用語, 記入者のサイン(例えば氏名, イニシャル, No.など)を記入.　カードが不足した場合, 自由に記入できるよう机上中央にカードの予備を用意する.

●ステップ2：用語内容の共有化

　記入が終わったら, 自記入カードをすべて他人(この例では記入者自身を除く5人)に平等に分配する.　配られたカードを各人の面前に並べ, 内容をよく見る.　他人が記入した用語内容が自分にとって理解できないカードがあれば, カード記入者と意見交換する.　理解(共有)できたらその内容を自分の言葉に書きかえ, サインをし, 他人のカードは破棄する.

　　➡ ステップ3以降の作業は, 配分されたカードが自分の意見として進行するため, ここで1枚1枚のカード内容を理解していないと後の行動で混乱するので十分な時間をかけて理解を深めることが大切である.

●ステップ3：用語のグルーピングと見出し(表札)づくり(1回目)

　ある1つの用語に対し, 各人の持ちカードから類似したカードを寄せ集

め，1つの小グループとしてまとめる．そして，そのグループを代表する用語を新しいカードに記入する．これを，「見出しづくり」という．見出しにつける用語は，メンバーで討議して決める．その見出しカードを一番上にのせ，そのグループのカードをクリップあるいは輪ゴムなどで束ねる．なお，同類がなければ1枚のままにしておく．

●ステップ4：用語のグルーピングと見出しづくり（2回目〜継続）

ステップ3でつけた見出しを1枚のカードとして扱い，再びグルーピングする．ステップ3と同様に見出しをつけ，束ねる．以下，同様にグルーピングが可能な限り繰り返す．

●ステップ5：見出しカードの配置

ステップ4でまとめた見出し（束になったカードの見出し―束ねたまま）を，模造紙上に配置する．関連性が近い見出しは近くに並べる．

➡ 大枠の分類として，外観（見た目），におい，風味，味，食感などの見出しで分類すると配置がしやすくなる．

●ステップ6：カードの配置

見出しの配置が決まったら見出しカード内容を再確認し，OKならば見出しカードの束をほどき，見出しごとに各カードを1枚ずつ並べる．ここで最初に記入したカードがすべて並び，見出しの下に整理されたことになる．

●ステップ7：図　解

カードをすべて模造紙に貼り付け，関連性を枠線でまとめる．

➡ カラーマジックで色分けしながら枠取りすると見やすくなる．

以上のステップを経て情報を整理する方法を，KJ法という．チョコレートを例に，完成した図解が図2.7である．この例は討議者が女子大生（食物専科の学生ではない）なので，一般的に理解しやすい用語が収集・整理されている．

4.2　評価項目の整理

図2.7の内容をもとに，一般的なチョコレートの評価項目としてまとめた

4. KJ法による食品の官能評価用語の整理

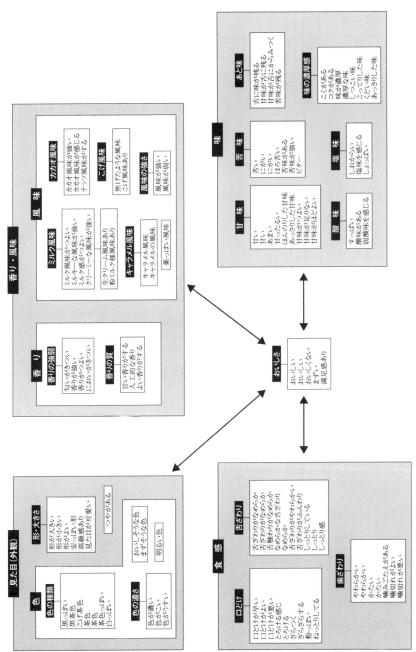

図2.7 チョコレートの特性描写—KJ法による用語の収集・整理—

44　　　　　　　　第2章　「おいしさを測る」とは

ものが表2.11である.

　既述の通り，官能評価を行う際の評価項目内容は，評価者全員にとって共通に理解できる表現が基本である. この例でもわかるように，非常に平易な用語しか出ていない. 言い換えれば，消費者対象の官能評価では，日常的に表現されるわかりやすい評価項目を選定することがポイントになることを示唆している.

表2.11　チョコレートの評価項目

	評　価　項　目
見た目(外観)	色の濃さ・好ましさ，形・大きさ・好ましさ，外観全体の好ましさ
香り・風味	香りの強さ・好ましさ ミルク風味の強さ，カカオ風味の強さ，風味全体の強さ・好ましさ 香り・風味全体の強さ・好ましさ
味	甘味の強さ，苦味の強さ，あと味のよさ，味全体の濃厚感・味全体の好ましさ
食　感	口どけのよさ，舌ざわりのよさ，歯ざわりのよさ，食感全体の好ましさ
総合評価	チョコレートとしてのおいしさ

5.　2点提示型採点法の官能評価—チョコレートを例に—

① **評価の目的**：官能評価の対象試料として選んだのは，KJ法で提示した試料の中の2種である. 共に80年以上の歴史ある商品で，しかも包装形態を含め，見た目(外観)は「似たもの同士」のミルクチョコレートである. 原材料などは時代とともに変更しているであろうが，このような類似商品が市場に共存する理由を感覚面から探ってみる.

② **評価方法および評価項目の選択**：まず評価対象の2商品を試食し，KJ法で整理した表2.11の中から評価用語を選択. 官能評価の方法は，前述の2点提示型採点法を試みた.

③ **評価用紙の作成**：「チョコレートの官能評価」の目的は，「2試料の相違点を把握すること」である. そこで表2.11の中から目的に適した評価項

目を選択する. ⇒ 評価用紙(p. 46)を参照.

④ **試 料**：市販のミルクチョコレート2種(試料コード：R，B)

⑤ **評価方法**：2点提示型採点法(同点をつけた場合は「より強い方」，「より好ましい方」を choice). (評価用紙を参照)

なお評価基準，味わい方など評価の基本事項についての説明をする.

⑥ **パネル**：女子大生　$n = 50$

⑦ **解析法**：対応のある平均値の差の検定(第3章5.2 [2]，既刊『おいしさを測る』p. 33〜35 参照)

choice：二項検定(2点試験法の両側検定)

⑧ **解析結果**：表2. 12，2. 13 参照.

【結果1】パネル全員の結果($n = 50$)(表2. 12)

1) 特性項目(Q3，4，6，7，9)に関する評価結果

R：ミルクの香り・風味，甘味が強く，苦味は弱い. 舌ざわりはなめらかなタイプである.

B：choice で見ると，R よりミルクの香り・風味，甘味が弱く，カカオの香り・風味，苦味が強いタイプである.

2) 嗜好項目(Q1，2，5，8，10，11，12)に関する評価結果

「Q2 見た目」については「B より R の方がよい」という評価を得ているが，その他の嗜好項目に関しては平均値，choice 共に二者間に有意差はない.

以上のことから，チョコレート二者間の特性差は認識されているが，嗜好に関してはいずれも二分していることがわかる.

その理由を解明するために「Q12　総合評価」の choice で，R を好んだパネル22人(以下，R嗜好派)，B を選んだパネル28人(以下，B嗜好派)に分けて解析を試みた.

【結果2】嗜好派別の結果(表2. 13)

1) R嗜好派(n = 22)

外観(Q1，2)：R の外観がよく，特に「見た目」を高く評価している.

香り・風味(Q3，4)：B のミルク風味の強さに「物足りなさ」を，カカオ

チョコレートの官能評価

クラス: _____　No.: _____　氏名: _____

●2種の試料を比較し，評価して下さい．
●同点の場合は「より上位の方（↑）」の試料
　コードを選択欄に記入して下さい．

試食順序
★ 1：R→B
　 2：B→R

質問項目	評価基準	R	B	選択
Q1	よ　い	2	2	
	ややよい	1	1	
色	ふつう	0	0	
	ややわるい	-1	-1	
	わるい	-2	-2	
Q2	よ　い	2	2	
色・つや・形	ややよい	1	1	
などを総合して	ふつう	0	0	
見た目のよさ	ややわるい	-1	-1	
	わるい	-2	-2	
Q3	強すぎる	2	2	
ミルクの	やや強すぎる	1	1	
香り・風味の	丁度よい	0	0	
強さ	やや弱すぎる	-1	-1	
	弱すぎる	-2	-2	
Q4	強すぎる	2	2	
カカオの	やや強すぎる	1	1	
香り・風味の	丁度よい	0	0	
強さ	やや弱すぎる	-1	-1	
	弱すぎる	-2	-2	
Q5	よ　い	2	2	
香り・風味	ややよい	1	1	
全体の好ましさ	ふつう	0	0	
	ややわるい	-1	-1	
	わるい	-2	-2	
Q6	強すぎる	2	2	
	やや強すぎる	1	1	
甘　味	丁度よい	0	0	
	やや弱すぎる	-1	-1	
	弱すぎる	-2	-2	
Q7	強すぎる	2	2	
	やや強すぎる	1	1	
苦　味	丁度よい	0	0	
	やや弱すぎる	-1	-1	
	弱すぎる	-2	-2	

質問項目	評価基準	R	B	選択
Q8	よ　い	2	2	
	ややよい	1	1	
味全体の	ふつう	0	0	
好ましさ	ややわるい	-1	-1	
	わるい	-2	-2	
Q9	なめらか	2	2	
	ややなめらか	1	1	
舌ざわり	ふつう	0	0	
	ややざらつく	-1	-1	
	ざらつく	-2	-2	
Q10	よ　い	2	2	
	ややよい	1	1	
口どけ	ふつう	0	0	
	ややわるい	-1	-1	
	わるい	-2	-2	
Q11	よ　い	2	2	
口内での	ややよい	1	1	
食感全体	ふつう	0	0	
	ややわるい	-1	-1	
	わるい	-2	-2	

（チョコレートとしての価値観も含めての総合評価）

Q12	最高においしい→	10	10	
	↑	9	9	
総	（おいしい）	8	8	
	↑	7	7	
合		6	6	
	ふつう　→	5	5	
評	↓	4	4	
	（まずい）	3	3	
価	↓	2	2	
	食べられない程	1	1	
	まずい→	0	0	

5. 2点提示型採点法の官能評価―チョコレートを例に― 47

表2.12 choice の検定結果(太文字：判定度数の多い方(有意差あり))

評 価 項 目	全体($n=50$)			R嗜好派($n=22$)			B嗜好派($n=28$)		
	R	B	検定	R	B	検定	R	B	検定
Q 1　色のよさ	30	20	―	**19**	3	**	11	17	―
Q 2　見た目のよさ	**34**	16	*	**19**	3	**	15	13	―
Q 3　ミルクの香り・風味の強さ	**40**	10	**	**19**	3	**	**21**	7	*
Q 4　カカオの香り・風味の強さ	14	**36**	**	5	17	*	9	**19**	(*)
Q 5　香り・風味全体の好ましさ	21	29	―	**17**	5	*	4	**24**	**
Q 6　甘味の強さ	**34**	16	*	14	8	―	**22**	6	**
Q 7　苦味の強さ	12	**38**	**	7	15	(*)	5	**23**	**
Q 8　味全体の好ましさ	24	26	―	**21**	1	**	3	**25**	**
Q 9　舌ざわり(なめらかさ)	**31**	19	(*)	**17**	5	*	14	14	―
Q10　口どけのよさ	28	22	―	13	9	―	15	13	―
Q11　食感全体のよさ	28	22	―	**18**	4	**	10	18	―
Q12　総合評価(10点満点)	22	28	―	**22**	0	**	0	**28**	**

二項検定(両側検定)　$n=50$ のとき，33以上で*印，35以上で**印　(*)印は5%有意の値に近い
$n=22$ のとき，17以上で*印，18以上で**印
$n=28$ のとき，20以上で*印，22以上で**印

表2.13 平均値の差の検定結果(太文字：平均値の高い方(有意差あり))

評 価 項 目	全体($n=50$)			R嗜好派($n=22$)			B嗜好派($n=28$)		
	R	B	検定	R	B	検定	R	B	検定
Q 1　色のよさ	0.46	0.48	―	0.77	0.55	―	0.21	0.43	―
Q 2　見た目のよさ	**0.78**	0.26	**	**1.05**	0.27	**	0.57	0.25	―
Q 3　ミルクの香り・風味の強さ	**0.38**	−0.20	**	**0.23**	−0.55	**	**0.50**	0.07	*
Q 4　カカオの香り・風味の強さ	−0.16	0.20	*	−0.09	**0.41**	*	0.01	0.04	―
Q 5　香り・風味全体の好ましさ	0.30	0.46	―	**0.86**	0.05	**	−0.14	0.79	**
Q 6　甘味の強さ	**0.66**	0.20	**	0.27	0.23	―	**0.96**	0.18	**
Q 7　苦味の強さ	−0.68	**−0.02**	**	−0.41	**0.32**	**	−0.89	**−0.29**	**
Q 8　味全体の好ましさ	0.34	0.46	―	**1.14**	−0.18	**	−0.29	**0.96**	**
Q 9　舌ざわり(なめらかさ)	**0.76**	0.44	*	**0.77**	0.14	*	0.75	0.68	―
Q10　口どけのよさ	0.42	0.32	―	0.50	0.27	―	0.36	0.36	―
Q11　食感全体のよさ	0.22	0.04	―	**0.59**	−0.23	**	−0.07	0.25	―
Q12　総合評価(10点満点)	6.02	6.30	―	**7.32**	5.09	**	5.0	**7.25**	**

対応のある平均値の差の検定　**印：有意水準1%有意　*印：5%有意　―印：有意差なし

風味は「幾分強すぎる」と感じている．味(Q6, 7)：甘味に関してはそれ
ほどシビアな反応を示しておらず，二者間の差を認識していないようで
ある(平均値は共に0に近く，許容範囲)．苦味に関して，わずかながらR
は「弱すぎ」，Bは「苦すぎる」と感じている．また，舌ざわり(Q9)に関
してはRの方が「なめらかである」と評価している．口どけのよさ(Q10)
を除き嗜好項目ではいずれもRを選んでいる．

2) B嗜好派($n=28$)

香り・風味：ミルクの強さについて，Rは「幾分強すぎる」と評価して
いる．また，カカオ風味の強さについては平均値に有意差が出ていな

い．ということは，この程度の違いでは共に許容できる範囲であると評価している．味(Q6, 7)では，Rは甘味が強すぎ，苦味が弱すぎるという反応を示している．嗜好項目は，外観(Q1, 2)および食感(Q9, 10, 11)については二者間に有意差は出ていないが，香り・風味，味については共にBを選んでいる．

　以上のことから，端的にいえば外観，食感は別にして，甘味の効いたミルキータイプのチョコレートを好むグループ(R嗜好派)と甘味の弱いビタータイプのチョコレートを好むグループ(B嗜好派)が存在し，嗜好を二分したと考えられる．

⑨　**結　論**：2社の商品コンセプトがいかなるものかはわからない．しかし，市場に共存するための1つの条件ともいえる「商品の差別化」はクリアされており，共にそれぞれの嗜好派が存在していることがわかった．

　なお，このデータをもとに嗜好が分かれた要因につき因子分析法で解析した結果を，第4章【解析事例15】に示す．

参 考 文 献

　1)　川喜田二郎：発想法，中公新書(1967)
　2)　川喜田二郎：続 発想法，中公新書(1970)
　3)　日科技連官能検査委員会(編)：新版 官能検査ハンドブック，日科技連(1973)
　4)　古川秀子：おいしさを測る，幸書房(1994)
　5)　川喜田二郎著作集：第4巻 発想法の科学，中央公論社(1995)
　6)　川喜田二郎著作集：第5巻 KJ法，中央公論社(1996)
　7)　木戸詔子，池田ひろ(編)：調理学，化学同人(2003)
　8)　日本工業標準調査会：官能評価分析—用語—JIS Z 8144，日本規格協会(2004)
　9)　日本工業標準調査会：官能評価分析—方法—JIS Z 9080，日本規格協会(2004)
　10)　日本味と匂学会：味のなんでも小事典，ブルーバックス(2004)
　11)　山本　隆：「おいしい」となぜ食べ過ぎるのか，PHP新書(2004)

12) 田中冨久子(編)：トコトンやさしい脳の本，日刊工業新聞社(2005)
13) 浅野五朗：からだのしくみ事典，成美堂出版(2007)
14) 大越ひろ，神宮英夫(編)：食の官能評価入門，光生館(2009)
15) 日本官能評価学会(編)：官能評価士テキスト，建帛社(2009)

(古川秀子)

第3章　官能評価データ解析のための統計学(基礎編)

英語の試験結果が70点であったとしよう．悔しいと思うか，満足するかは個人の思い(主観)で，得点のみで云々する話ではない．平均値が50点だったら恐らく「よかった」と安堵する人も多いことであろう．得点のよしあしを判断するには，全データをもとに個々の成績を位置づけすることが大切である．官能評価においても，評価者1人1人の「主観的判断」をもとに「客観的な結論」を導くために統計解析は必須である．そこで，少々難解な話題になるが，ここでは官能評価データ解析に関与する統計学の基礎的な内容を解説する．なお，統計学的な既述にはいろいろな記号(notation)や数式が出てくるが，これらを念頭に置いて先へ進んでほしい．また，データを入力すれば即時に解析してくれるソフトがいろいろ市販されているが，内容を理解したうえで利用しないと間違った結論を導きかねないので注意が必要である．

1.　データの特性を表す基本的な指標—平均，分散，標準偏差—

平均，分散，標準偏差という統計用語についてはもうご存知であろう．しかし，どのように計算されているのかについては意外と知らない人が多い．そこで，データの特性を表す基本的な指標として用いられる統計量について説明する．

1.1　データの整理(度数分布表とグラフ化)

官能評価で得られたデータをもとに評価特性を表す方法はいろいろある．例えば，ある食品1種の評価を採点法(独立評価，10点満点評価)により50

人のパネルで行い，以下の結果が得られたとする(表3.1)．

表3.1 各人の評点(x_i) $(n=50)$

| 7 7 8 9 6 7 8 7 5 7 6 5 6 7 8 10 4 7 8 5 8 6 9 7 6 |
| 5 7 5 6 6 7 10 8 8 7 7 8 6 9 7 6 6 8 5 7 8 9 7 6 9 |

しかし，このように数字を並べただけではデータの評価特性は見えてこない．そこで，まず評点別に度数をカウントする(表3.2)．この表を**度数分布表**という．

表3.2 評点(x_i)の度数分布表

評点(x_i)	10	9	8	7	6	5	4	3	2	1	0
度数(f_i)	2	5	10	15	11	6	1	0	0	0	0

データの特性をさらにわかりやすくするには，この度数分布表をもとにグラフを描いてみることである．横軸に評点(x_i)，縦軸に度数$(f_i：人数)$をプロットしたものが図3.1である．

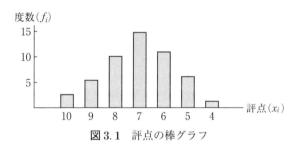

図3.1 評点の棒グラフ

図3.1のグラフから，評点は7点をピークにほぼ左右対称な形をしていることがうかがえる．グラフには棒グラフ，折れ線グラフ，円グラフなどがある．統計学の基本は，データがどのような分布をしているかを知ることが重要なので，まずは得られたデータをグラフ化し，データの全体像を把握することが大切である．

1.2 平均値 $\bar{x}$

平均値(average)とはデータの総和をデータの個数で割った値で，$\bar{x}$(バー・エックス，またはエックス・バーと読む)と表記する．一般に，n 個のデータを $x_1, x_2, \cdots, x_i, \cdots, x_n$ とすれば，平均値 $\bar{x}$ は［1-1 式］で表される．

$$平均値 \ \bar{x} = \frac{(x_1 + x_2 + \cdots + x_i + \cdots + x_n)}{n} = \frac{\sum_{i=1}^{n} x_i}{n} \qquad [1\text{-}1 \ 式]$$

［1-1 式］において，$\sum_{i=1}^{n} x_i$ は「データ x_i の i が 1 から n まで全てを加える」ということを表している($\sum$: シグマ)．以下，注釈のない限りこれを $\sum x_i$，あるいは $\sum$ で表す．

前項の表3.1の例で平均値を計算すると

$$\bar{x} = \frac{\sum x_i}{n} = \frac{(7 + 7 + 8 + \cdots\cdots + 7 + 6 + 9)}{50} = \frac{350}{50} = 7$$

すなわち，この食品の平均点は 7 点で，$\bar{x} = 7$ と表記する．なお表3.2のような度数分布表から平均値を計算する場合，評点を x_i，その点数の度数を f_i とすると平均値 $\bar{x}$ は［1-2 式］で表される．

$$平均値 \ \bar{x} = \frac{\sum (x_i \times f_i)}{n} \quad (x_i : 評点, \ f_i : 度数) \qquad [1\text{-}2 \ 式]$$

この［1-2 式］を使って前項の表3.2の平均値を計算すると

$$\bar{x} = \frac{(10 \times 2) + (9 \times 5) + \cdots + (5 \times 6) + (4 \times 1)}{50} = 7$$

となる．

1.3 バラツキを表す指標(分散 s^2，標準偏差 s)

分散(variance)とは，データが平均値からどれくらい離れているか，いわゆるデータのバラツキ度合を表す値である．n 個のデータ $(x_1, \cdots, x_n)$ の平均値が $\bar{x}$ であるとき，まず各データの平均値からの差 $(x_i - \bar{x})$［偏差という］の平方和 $\sum (x_i - \bar{x})^2$［偏差平方和］を計算する．この偏差平方和はデータの

個数(n)が多くなると当然大きくなるので，n で割った値［偏差平方和の平均］を分散といい，s^2 で表す．また分散の平方根($\sqrt{}$)s を**標準偏差**(standard deviation)という（[1-3 式]）．

分散 $s^2 = \dfrac{(x_1 - \overline{x})^2 + (x_2 - \overline{x})^2 + \cdots + (x_i - \overline{x})^2 + \cdots + (x_n - \overline{x})^2}{n}$

$\qquad\quad = \dfrac{\sum(x_i - \overline{x})^2}{n} = \dfrac{\sum x_i{}^2}{n} - \overline{x}^2$ 　　　　　　　[1-3 式]

標準偏差 $s = \sqrt{\text{分散}\, s^2}$

先の表 3.2 のデータを［1-3 式］の分散 $s^2 = \dfrac{\sum x_i{}^2}{n} - \overline{x}^2$ に当てはめて s^2，s を計算すると

分散 $s^2 = \dfrac{(10^2 \times 2 + 9^2 \times 5 + \cdots + 5^2 \times 6 + 4^2 \times 1)}{50} - 7^2 = \dfrac{2542}{50} - 49$

$\qquad\quad = 50.84 - 49 = 1.84$

標準偏差は分散の平方根，つまり $s = \sqrt{1.84} = 1.36$ となる．

2. 確　　率 (probability)

確率といっても「雨の降る確率」と「サイコロを振って 1 の面が出る確率」や「コインを投げてオモテが出る確率」とは意味合いが異なる．天気予報は，気候に関する過去の経験や複雑な情報など，いろいろなデータに基づいて予測しているのに対し，サイコロやコインの確率は，サイコロやコインが歪でない(細工されていない)限り必然的に決まっている．統計学では前者を経験的確率，後者を先験的確率といって区別する．ここでは後者の先験的確率について述べる．

はじめに「サイコロを 1 回振って 1 の面が出る確率」を考えてみる．サイコロを 1 回振って出る面の可能性は [1, 2, 3, 4, 5, 6] のいずれかで，6 通りある．したがって，1 の面が出る可能性は 6 通り中の 1 回しかないので「1 の面が出る確率は $\dfrac{1}{6}$ である」という．逆に 1 の面が出ない確率(すなわち 2, 3, 4, 5, 6 のいずれかの面が出る確率)は 5 通りあるので $\dfrac{5}{6}$ となる．また，偶数の面(2, 4, 6)あるいは奇数の面(1, 3, 5)が出る確率はそれぞれ

3通りあるので $\frac{3}{6} = \frac{1}{2}$ となる.

次に，サイコロを2回振って2回とも1の面が出る確率について考えてみよう（表3.3）.

表3.3

1回目に出る面	2回目に出る面
1に対して →	1~6の6通り
2に対して →	〃
3に対して →	〃
4に対して →	〃
5に対して →	〃
6に対して →	〃

1回目に出る面は1~6の6通り，2回目も1回目と同様に1~6の6通り．すなわち，サイコロを2回振って出る面は6×6＝36通りある．これを**「起こりうる全ての場合の数」**という．1回目も2回目も共に1の面が出る可能性は36通りの中の1回しかないので「サイコロを2回振って2回とも1の面が出る確率は $\frac{1}{36}$」である．「1の面が出る回数」とか「偶数の面が出る回数」のことを**「事象の起こる場合の数」**という．したがって，一般的に確率は次のように定義される.

確率とは　事象Aの起こる確率を p とすれば

$$p = \frac{\text{事象Aが起こる場合の数}}{\text{起こりうる全ての場合の数}}$$

さて，ここで確率に関する定理について述べておこう.

①　加法定理

サイコロを1回振って1または2の面が出る確率は6通りの中の2回なので，確率の定義から $\frac{2}{6} = \frac{1}{3}$ であることは先に述べた．この場合，「1の面が出る」こと（事象A）と「2の面が出る」こと（事象B）は同時に起こり得な

い. すなわち, これは互いに排反することなので, **排反事象**という. 一般に2つの事象 A, B が互いに排反するとき, この2つの事象 A, B が起こる確率 $p(A+B)$ は $p(A)+p(B)$ で表す. これを**排反事象の加法定理**という. 先の例でいうと $p(A)+p(B)=\dfrac{1}{6}+\dfrac{1}{6}=\dfrac{1}{3}$ と表すことができる. この定理は排反事象が3つ以上の場合でも成り立つ.

排反事象の加法定理

$$p(A+B+C+\cdots)=p(A)+p(B)+p(C)+\cdots$$

例えばサイコロを1回振り, 偶数の面が出る確率を考えた場合, 事象 A(2の面が出る), 事象 B(4 の面が出る), 事象 C(6 の面が出る)とすれば, それぞれの面が同時に出ることはないので, 事象 A, B, C は排反事象である. また各面の出る確率はそれぞれ $\dfrac{1}{6}$ であるから, 加法定理により偶数の面が出る確率(2 か 4 か 6 の面が出る確率)を $p(A+B+C)$ とすれば

$$p(A+B+C)=p(A)+p(B)+p(C)=\frac{1}{6}+\frac{1}{6}+\frac{1}{6}=\frac{3}{6}=\frac{1}{2}$$

となる.

② **乗 法 定 理**

事象 A と事象 B が引き続き起こるとき, 事象 A の起こる確率が事象 B の起こる確率と無関係であれば, 事象 A と事象 B は互いに独立であるといい, 互いに独立した事象を**独立事象**という.

一般に2つの事象 A, B が独立事象である場合, 同時に起こる確率を $p(AB)$ で表すならば

$$p(AB)=p(A)\times p(B)$$

で表される. 例えばサイコロを2回振って1回目が1の面(事象 A), 2回目も1の面(事象 B)が出る確率を考えた場合, 事象 A と事象 B は独立しているので, 乗法定理に当てはめると

$$p(AB)=\left(\frac{1}{6}\right)\times\left(\frac{1}{6}\right)=\frac{1}{36}$$

となる.

また，3つ以上の独立事象にも適用できる．

> **独立事象の乗法定理**
> $p(\text{ABC}\cdots) = p(\text{A}) \times p(\text{B}) \times p(\text{C}) \times \cdots$

例えば，サイコロを3回振って3回とも1の面が出る確率は

$$p(\text{ABC}) = \frac{1}{6} \times \frac{1}{6} \times \frac{1}{6} = \frac{1}{6^3} = \frac{1}{216}$$

確率の定理に関して説明すべき事項はこれ以外にもいろいろあるが，上記の加法定理と乗法定理を理解していれば後述事項は理解できるので，ここでは省略する．

さて，サイコロの面を市販のコロッケ(A, B, …, Fの6種)に置き換えてみよう(図3.2)．

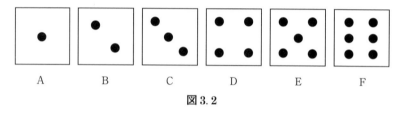

図3.2

6種のコロッケを与え，「この中で最も好きなものを1つ選びなさい」という官能評価を行ったとする．評価者が好みではなく**無作為**(ランダム)にAを選ぶ確率，Bを選ぶ確率，…，Fを選ぶ確率はサイコロと同じで，それぞれ $\frac{1}{6}$ である．また2人の評価者が，共に**無作為**にAを選ぶ確率(サイコロを2回振って2回とも1の面が出る確率)は乗法定理により，$\frac{1}{6} \times \frac{1}{6} = \frac{1}{36}$ となる．しかしサイコロの確率を論じる場合，「サイコロはどの面も歪に作られていない」ということが条件であるが，コロッケはそれぞれ異なる種類(歪だらけのもの)なので，何を選ぶかは評価者自身の好みにより**意識的に選択**される．そこで多くのパネルの反応結果(データ)をもとに，それぞれ選ばれているコロッケの度数が，パネル数の $\frac{1}{6}$ であるか否かを統計的に解析する．例えばこの評価を60人のパネルで行い，仮に30人が試料Aを選んだとすれば，その割合は $\frac{30}{60} = \frac{1}{2}$ で，確率 $\frac{1}{6}$ をはるかに超えている．すなわちこのコロッケは「歪」である．言い換えれば「試料Aは特異なコロッケで

ある→好まれるコロッケである可能性がある」と解釈することができる．このように，パネルの判定度数をもとにコロッケが「歪であるか否か」を確率的に判断し，結論を導くことが必要になる．

　以上述べたような確率的な考え方をもとに，官能評価の2点試験法(AとBの比較)でA(またはB)が選ばれる確率は $p=\dfrac{1}{2}$ と表す．同様に3点(識別)試験法(A，A，Bの中からBを選ぶ)では正解(Bを選ぶ)となる確率は $p=\dfrac{1}{3}$ と表記する．

3.　順列，組み合わせ

　4個の文字1，2，3，4を一列に並べた場合，並べ方の総数(場合の数)は下記24通りある．

> (1234)，(1243)，(1324)，(1342)，(1423)，(1432)，
> (2134)，(2143)，(2314)，(2341)，(2413)，(2431)，
> (3124)，(3142)，(3214)，(3241)，(3412)，(3421)，
> (4123)，(4132)，(4213)，(4231)，(4312)，(4321)

　では，4個の文字1，2，3，4の中から2個とり出して並べるとすれば，その総数は下記12通りある．

> (12)，(21)，(13)，(31)，(14)，(41)，(23)，(32)，(24)，(42)，(34)，(43)

　一般に，異なる n 個のものから x 個を取り出し，1列に並べたものを**順列** (**permutation**)といい，その総数は $_nP_x$ と表記し，［3-1式］で表される．

第3章 官能評価データ解析のための統計学(基礎編)

> **順 列**
>
> $$_nP_x = \frac{n!}{(n-x)!}, \quad n = x \text{ のときは } _nP_n = n!$$
>
> ここに n：もとになる数，x：n 個から選んで並べるときの数．
> $!$：階乗といって $!$ のマークについている左側の数字から1までの整数を掛け合わせることを表す記号．
> すなわち $n! = n \cdot (n-1) \cdot (n-2) \cdots 3 \cdot 2 \cdot 1$
> $0! = 1, \quad 1! = 1$
>
> [3-1 式]

先の例(1, 2, 3, 4を並べる総数)をこの式で計算すると，$n=4$；$x=4$ を [3-1式]（$n=x$ の式）に代入し，$_4P_4 = 4! = 4 \times 3 \times 2 \times 1 = 24$
さらに(1, 2, 3, 4)から2個並べる例（$n=4, x=2$）では

$$_4P_2 = \frac{4!}{(4-2)!} = \frac{4 \times 3 \times 2 \times 1}{2 \times 1} = \frac{24}{2} = 12$$

となる．

　A, B, C 3種のシュウマイについて好みに合う順位をつけたとする．「A：1位，B：2位，C：3位になる確率はいくつか」について考えよう．図3.3に示すように，まず1位がAであったとすれば2位はB, Cいずれかで，残りが3位となる(No. 1, 2)．同様にBが1位の場合(No. 3, 4)，Cが

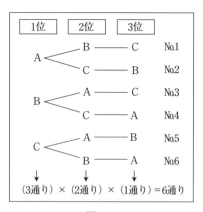

図3.3

1位の場合(No. 5, 6)と全部で6通りある．これはA，B，Cの並べ方全ての「場合の数」，すなわち3個を並べる順列 $_3P_3 = 6$ に相当する．したがってA，B，Cの順に1位，2位，3位となるのは1回(No. 1)しかないので，その確率は $\frac{1}{6}(\fallingdotseq 17\%)$ となる．

次に，n 個から x 個を選ぶ組み合わせの数について考える．先に示した「4個の中から2個取り出して並べる」という順列との違いは，組み合わせでは並べ方に順序がないことである．すなわち，順列の(12)と(21)，(13)と(31)，(24)と(42)などはそれぞれ同じ組み合わせとなる．

一般に，異なる n 個のものから x 個を選ぶ**組み合わせ**(combination)の数を $_nC_x$ と表記し，[3-2式] で表される．

組み合わせ

$$_nC_x = \frac{_nP_x}{x!}$$

$$= \frac{n!}{(n-x)!\,x!} = \frac{n(n-1)(n-2)\cdots(n-x+1)}{x!}$$

[3-2 式]

$$_nC_x = {_nC_{n-x}}, \quad _nC_0 = {_nC_n} = 1$$

例えばA，B，C，D 4個の中から2個選ぶ組み合わせ数は，[3-2式] に $n = 4$，$x = 2$ を代入すると $_4C_2 = \frac{4!}{(4-2)!\cdot 2!} = \frac{4\times3\times2\times1}{2\times1\cdot2\times1} = \frac{24}{4} = 6$ となる．

その組み合わせは(AとB)，(AとC)，(AとD)，(BとC)，(BとD)，(CとD)の6組である．

既述のように，官能評価の一対比較法は t 個の試料を2つずつ組み合わせ，各対において比較判断する方法であるが，その組み合わせの数は [3-2式] から

$$_tC_2 = \frac{t!}{(t-2)!\cdot 2!} = \frac{t(t-1)}{2}$$

となる．

$t = 3$ のとき，組み合わせの数は $\frac{3\times2}{2} = 3$；$t = 4$ のとき，$\frac{4\times3}{2} = 6$；$t = 5$ のとき $\frac{5\times4}{2} = 10$ というように，比較する試料が1個増えるごとに組み合わせの数は多くなる．しかし，一対ごとに2つを比較するので，繰り返し数(パネル数)を増やすことにより精度の高いデータが得られる．

4. いろいろな分布

「分布」といえば恐らく誰もが聞いたことがあるのは，正規分布であろう．左右対称の山型で，平均 μ，分散 σ^2 によって定まる連続型分布関数である．身長・体重などの体位，製品のサイズ・重量，テストの点数など，自然界ではデータの統計的解析を行う場合，それらのデータは正規分布をするという仮定のもとに進められることが多く，重要な分布として広範に利用される．しかし，理論的に正規分布を説明するとかなり複雑になるので省略する．以下，官能評価のデータ解析に必要と思われる内容について説明する．その他，正規分布以外に二項分布，t-分布，F-分布，χ^2(カイ 2 乗)-分布などがある．

4.1 確率変数と確率分布

コインを 10 回投げてオモテの出る確率を考えてみよう(表 3.4)．各回においてオモテが出たとき：1，ウラが出たとき：0 で表すものとする．まず 10 回ともオモテが出る場合の数(ウラが出る回数はゼロ)は 1 回しかない([3-2式] $_nC_x = {_nC_{n-x}}$，$_nC_n = {_nC_0} = 1$ より，$_{10}C_{10} = {_{10}C_0} = 1$)．

次にオモテが 9 回，ウラが 1 回出る場合の数は $_{10}C_1 = 10$．同様に 2 回ウラが出る場合の数は $_{10}C_2 = 45$，…というように計算することができる．[検算：事象が全て起こりうる場合の数は，各回共にオモテ(1)かウラ(0)の 2 通りなので，延べ 10 回掛け合わせて $2^{10} = 1,024$]．

したがって，各「事象の起こる場合の数」を「起こりうる全ての場合の数」で割ることにより確率 p を計算することができる．

このように，コインを 10 回投げるとオモテの出る回数は 10〜0 回で，この回数のことを**変数**と呼び，各変数に対応して確率が定義される場合，その変数を**確率変数**という．

一般に確率変数を x とし，x のとる値が x_1, x_2, …, x_i, …, x_n であるとき，$x = x_i$ という事象が起こる確率 p_i は表 3.5 で表される．

このような確率変数 x と確率 p との対応を**確率分布**という．

4. いろいろな分布

先の，コインを 10 回投げてウラの出る確率変数を x，その確率を p とし

表 3.4 コインを 10 回投げてオモテの出る確率

オモテ(1)の 出る回数(x)	コインを投げる回数 1 2 3 4 5 …… 9 10	場合の数	確率(p_i)
10	1 1 1 1 1 …… 1 1	$_{10}C_{10} = 1$	0.0010
9	0 1 1 1 1 …… 1 1	$_{10}C_9 = 10$	0.0098
8	0 0 1 1 1 …… 1 1	$_{10}C_8 = 45$	0.0439
7	0 0 0 1 1 …… 1 1	$_{10}C_7 = 120$	0.1172
6	0 0 0 0 1 …… 1 1	$_{10}C_6 = 210$	0.2051
5	0 0 0 0 0 …… 1 1	$_{10}C_5 = 252$	0.2461
4	0 0 0 0 0 …… 1 1	$_{10}C_4 = 210$	0.2051
3	0 0 0 0 0 …… 1 1	$_{10}C_3 = 120$	0.1172
2	0 0 0 0 0 …… 1 1	$_{10}C_2 = 45$	0.0439
1	0 0 0 0 0 …… 0 1	$_{10}C_1 = 10$	0.0098
0	0 0 0 0 0 …… 0 0	$_{10}C_0 = 1$	0.0010
		$\sum = 1,024$ $= 2^{10}$	$\sum = 1$

表 3.5 確率分布表 ($\sum p_i = 1$)

確率変数(x)	x_1 x_2……x_i……x_n	計
確 率 (p)	p_1 p_2……p_i……p_n	1

表 3.6 コインを 10 回投げてオモテの出る確率分布表

確率変数(x)	0	1	2	……	9	10	$\sum$
確 率(p)	0.0010	0.0098	0.0439	……	0.0098	0.0010	1

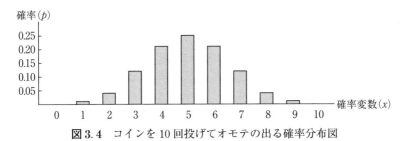

図 3.4 コインを 10 回投げてオモテの出る確率分布図

たときの確率分布を表3.6, 図3.4に示す.

ここで重要なことは, 各確率を合計すると1になることである. 確率は1を超えることはなく, -(マイナス)になることもない. 式で表すならば

$$p_1 \geqq 0, \quad p_2 \geqq 0, \quad \cdots p_i \geqq 0, \quad \cdots p_n \geqq 0$$

$$p_1 + p_2 + \cdots p_i + \cdots + p_n = \sum p_i = 1$$

となる.

一般に「確率変数 x が値 a をとる確率」を $p(x=a)$ と表す(p：probability). また「x が a 以上, b 以下」などのように範囲で示す場合の確率は $p(a \leqq x \leqq b)$ と表す. 例えばコインを10回投げて「オモテが8回出る確率は0.0439である」ことを $p(x=8)=0.0439$ と表す. また「オモテが8回以上出る確率」は排反事象の加法定理により, 以下のように表記することができる.

$p(x \geqq 8) = p(x=8) + p(x=9) + p(x=10) = 0.0439 + 0.0098 + 0.0010 = 0.0547$

表3.4からも明らかなように, コインを10回投げてオモテが i 回出る確率は次式で表される.

$$p(x=i) = {}_{10}C_i \cdot \left(\frac{1}{2}\right)^{10} \quad (i = 1, \ 2, \ \cdots\cdots, \ 10)$$

4.2 二項分布

一般に, 排反する2つの事象 A, B があって, 事象 A が起こる確率を p, 起こらない確率(事象 B が起こる確率)を $q(=1-p)$ とし, 同じ試行を独立に n 回繰り返した場合, 事象 A が起こる回数 x は $0 \sim x$ の値をとる変数である. それぞれの確率は次式で計算できる.

$$p(x=0) = {}_nC_0 p^0 q^n$$

$$p(x=1) = {}_nC_1 p^1 q^{n-1}$$

$$p(x=2) = {}_nC_2 p^2 q^{n-2}$$

$$\vdots$$

$$p(x=i) = {}_nC_i p^i q^{n-i}$$

$$\vdots$$

$$p(x=n) = {}_nC_n p^n q^0$$

4. いろいろな分布　　　63

この式における $_nC_x$ は，既述の n 個から x 個選ぶ組み合わせの数で，二項係数という．このような確率分布に従う分布を**二項分布**（binomial distribution）といい，［4-1式］で定義される．

二項分布

　確率変数 x が次式で与えられる分布を二項分布という

$$p(x=r) = {_nC_r}\, p^r q^{n-r}$$

　ここに n は正の整数，$0 \leqq p \leqq 1$，$q = 1-p$

　$_nC_r$：n 個から r 個取り出す組み合わせの数

　平均：np，分散：npq，標準偏差：$\sqrt{npq}$

［4-1式］

前述の，コインを 10 回投げてオモテの出る確率は二項分布の例である．官能評価の 2 点試験法（A，B 2 種の比較，$n=10$）に置き換え，A を選べば：1，B を選べば：0 と考えれば，表3.4 と同じ確率表が得られる．すなわち，官能評価の 2 点試験法は $p = \dfrac{1}{2}$ の二項分布に従い，A，B 2 種の比較を n 回繰り返したとき，r 人が A（または B）を選ぶ確率 $p(x=r)$ は次式で表すことができる（この場合，$p = q = \dfrac{1}{2}$）．

$$p(x=r) = {_nC_r}\, p^r (1-p)^{n-r} = {_nC_r} \left(\frac{1}{2}\right)^r \left(1-\frac{1}{2}\right)^{n-r} = {_nC_r} \left(\frac{1}{2}\right)^n$$

同様に 3 点（識別）試験法（A，B，B の中から A を選べば正解）は $p = \dfrac{1}{3}$（$q = 1 - \dfrac{1}{3} = \dfrac{2}{3}$）の二項分布に従うので，$n$ 回中 r 回正解になる確率 $p(x=r)$ は

$$p(x=r) = {_nC_r}\, p^r (1-p)^{n-r} = {_nC_r} \left(\frac{1}{3}\right)^r \left(\frac{2}{3}\right)^{n-r}$$

と表すことができる．3 点（識別）試験法において，10 回の試行で 3 回正解になる確率を計算すると

$$p(x=3) = {_{10}C_3} \left(\frac{1}{3}\right)^3 \times \left(\frac{2}{3}\right)^7 = \left[\frac{10 \times 9 \times 8}{3 \times 2}\right] \cdot \left(\frac{1}{3}\right)^3 \times \left(\frac{2}{3}\right)^7$$

$$= \left(\frac{720}{6}\right) \times \left(\frac{1}{27}\right) \times \frac{128}{2187} = 0.2601$$

となる．すなわち，10回の繰り返しで，まぐれで3回正解になる確率は約26%となる．

4.3 離散型分布と連続型分布

サイコロの目の数，コインのオモテ・ウラのように確率変数が正の整数値のみをとる場合を**離散型確率変数**といい，身長・体重のように連続する値（$-\infty \sim \infty$）をとる確率変数を**連続型確率変数**という．また，それに対応する確率分布をそれぞれ**離散型分布**，**連続型分布**という．離散型分布のように，確率変数の単位が「何回」，「何個」，「何人」などの場合は，各々の変数に対してその確率を数値で表すことができるが，連続型分布のように変数が連続である場合は，特定の1点（数値）を指定して確率を表すことはできない．し

表3.7 離散型分布と連続型分布

	離　散　型	連　続　型
確率変数	変数の取りうる値が，整数のように不連続（離散型）な値をとる変数を離散型確率変数という．	変数の取りうる値が，直線上の値のように連続的な（途切れることがない）値をとる変数を連続型変数という．
確率分布 （確率関数）	確率変数の取りうる値 $x_i(i=1\sim n)$ に対して，それが起こる確率 p_i を示す分布（関数）．	確率変数の取りうる区間（$a \sim b$ の間）に対して，それが起こる確率を示す分布（関数）．確率変数 x が a と b の間に入る確率は $p(a \leq x \leq b) \int_a^b f(x)\,dx$ のように区間の面積で示される．［注］
確率分布図	 離散型確率分布 $\sum p_i = 1$	 連続型確率分布 $\int_{-\infty}^{\infty} f(x)\,dx = 1$
代表的な分布	二項分布	正規分布，t-分布など

［注］$\int_a^b f(x)\,dx$ は関数 $f(x)$ の区間 a から b までの範囲の面積を表す式．したがって $-\infty \sim \infty$ を積分するということは，確率変数の取りうる全ての確率を加えることであるから $\int_{-\infty}^{\infty} f(x)\,dx = 1$ となる．

たがって，範囲(体重であるならば55.0〜60.0kgなど)を1つの確率変数として表し，その範囲に含まれる度数をもとに確率分布図を描くことができる．離散型分布の代表が二項分布，連続型分布の代表は正規分布である．また検定表でおなじみのt-分布，F-分布，χ^2-分布なども連続型分布である．これらの関係をまとめて表3.7に示す．

5.　統計的推測—検定と推定—

5.1　母集団と標本

　統計的調査の対象とされる集団全体を**母集団**(population)といい，母集団の中から抽出された小集団を**標本**(sample)という．われわれが何か調査をするとき，国勢調査や全国学力テストのように調査対象者すべてを調査することはできない．世論調査，マーケティング・リサーチなどのように，多くの場合，調査対象の一部(標本)を調査し，その結果をもとに対象全体(母集団)を推測するのが一般的である．したがって，標本は母集団の代表なので，偏ったものでは標本としての価値はない．例えばA地区40歳代の男性につき1カ月当たりの小遣いを調査するのに，標本としてA地区にある特定の会社の40歳代男性を対象に調査しても意味がない．

　新製品開発に関する市場調査などを行う場合，計画の段階で購入層を設定し，その対象者母集団からサンプリングし，調査対象者とすることが望ましい．一方，社内で行う官能評価の評価対象者は，一般的には20〜100人/回程度の社員で，これらのパネルが消費者母集団を代表していないことは明らかである．したがって社内評価は，市場調査に活用するための予備実験ととらえ，評価の目的・内容を明確にし，それに即した無駄の少ない実験計画をたてて行うことが大切である．また，社内評価のデータを蓄積・解析することにより，社内パネルの特徴(長所・短所，消費者集団との相違点など)をとらえ，活用範囲を広げることは可能である．なお，母集団から標本を抽出する方法や，適切な標本の数(サンプルサイズ)の決め方など重要な事項はいろいろあるが，ここでの説明は省略する．

統計学では母集団の要素の数を表すのにアルファベットの大文字 N を，標本の数（データ数）は小文字の n を用いて両者を区別する．また，母集団から抽出された標本（データ）は，$x_1, x_2, \cdots, x_n$ などのように添字つきで表す．これに対し，母集団の平均（**母平均**：$\overset{\text{ミュー}}{\mu}$），分散（**母分散**：$\sigma^2 \cdots$ シグマ2乗），標準偏差（**母標準偏差**：σ）はギリシャ文字で表記する．多くの場合，μ や σ は未知なので，標本データから得られる統計量（$\bar{x}$, s^2, s など）を用いて母数（parameter：μ, σ など）を推定する（後述）．なお，それらの推定値は $\hat{\mu}$, $\hat{\sigma}$ などのように文字の上に「∧」（ハット）をつける．母集団と標本との関係を図3.5に示す．

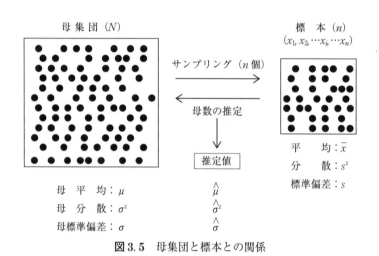

図3.5 母集団と標本との関係

5.2 検　　定 (test)

母集団からサンプリングされた標本をもとに母集団の**仮説** (hypothesis) をたて，母集団を推測する方法として一般的に使われるのが**検定**（仮説検定ともいう）である．目的のために抽出した標本（実験データなど）から得られた結果（平均値や分散，あるいはそれらから算出される統計量など）をもとに仮説（帰無仮説，対立仮説）をたて，その仮説が棄却されるか，採択されるかを確率5%以下の有意水準（危険率ともいう）で結論を推論するための統計的手

法を検定という.

(1) 帰無仮説と対立仮説

検定に当たり,まず仮説をたてることからはじめる.例えば2点試験法のデータから『〈2種の試料間に差がない〉あるいは〈2種の試料は識別できない〉』というような仮説(これを**帰無仮説**といい,H_0 で表す)と『〈2種の試料間に差がないとはいえない〉あるいは〈2種の試料は識別できないとはいえない〉』というような帰無仮説を否定する仮説(これを**対立仮説**といい,H_1 で表す)をたてる.そして,データをもとに得られた統計量を,適した確率分布(例えば $p=\frac{1}{2}$ の二項分布など)にあてはめ,H_0 が棄却される(この場合,H_1 が採択される)か,H_1 が棄却される(この場合,H_0 が採択される)かを判定する.そのためには,統計量が確率分布のどの範囲の値であれば H_0 を棄却するかをあらかじめ決めておく.しかし,実験データの持っている特性(まぐれ当たりの可能性など)から,本当は H_0 が正しいのに,結果として H_0 が棄却されてしまうという誤りが生じることも考えられる.この誤りのことを**第1種の過誤**といい,この誤りが生じる確率を**有意水準**または**危険率**といい,α(アルファ)で表す.α は 0.05(5%),0.01(1%) とするのが一般的である.なお,通常,仮説の記述は省略し,有意差検定のみを行っている.

(2) 片側検定と両側検定

有意水準 α を確率分布の右側(または左側)のみに設定して検定する場合を片側検定(図 3.6),α を両端に設定して検定する場合を両側検定(図 3.7)という.どちらを適用するかは,実験目的の内容によって判断する.片側検定(例えば2点識別法)と両側検定(例えば2点嗜好法)の仮説のたて方の違い

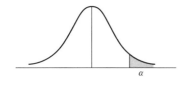
図 3.6 片側検定

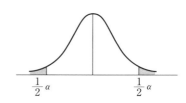
図 3.7 両側検定

を表3.8に示す.

表3.8 片側検定と両側検定の仮説のたて方

	片側検定	両側検定
帰無仮説 H_0	$p = \dfrac{1}{2}$	$p = \dfrac{1}{2}$
対立仮説 H_1	$p > \dfrac{1}{2}$	$p \neq \dfrac{1}{2}$
例	2点識別法	2点嗜好法

[1] 二 項 検 定

　統計量が二項分布に従うときに行う検定を二項検定という. 官能評価では2点識別法, 2点嗜好法, 3点(識別)試験法などは二項検定により結論を導く.

〈数値例〉　甘味度を変えた2種のオレンジジュースの比較
　　　　　K：現行品(現在市販されている商品のオレンジジュース)
　　　　　R：試作品(上記現行品Kに使用している砂糖の量を1割減らしたオレンジジュース)
　　(K, Rは砂糖の量以外, 全て同一条件で作られているものとする)
　　　　パネル数 $n = 30$ で行った結果を下表に示す.

項　　　目	K	R
Q1　甘味の強い方	21	9
Q2　好みに合う方	8	22

---

① 仮説をたてる

　Q1 「甘味の強い方」の仮説

　既述のように, このデータは $p = \dfrac{1}{2}$ の二項分布に従うので, 二項検定を行う. 試料RはKよりも砂糖の量を1割減らしているのであるから, 物理的に「RはKより甘味は弱い」はずである. したがって, Kを選ぶ(正解となる)確率がRを選ぶ(誤答)より小さくなることは考えない方がよい. そこで, このようなケース(事前に正解が存在している)場合は,

$$\text{帰無仮説 } H_0 : p = \frac{1}{2} \qquad \text{対立仮説 } H_1 : p > \frac{1}{2}（\text{片側検定}）$$

という仮説をたてて検定する.

　Q2　「好みに合う方」の仮説

　ジュースの甘味の強さが異なっていても，甘味の強い方を好む人，弱い方を好む人など，好みはそれぞれである（正解は存在しない）から，

$$H_0 : p = \frac{1}{2} \qquad H_1 : p \neq \frac{1}{2}$$

という仮説をたて，両側検定を行う.

② 検　　定

　次に検定を行う. 検定表（既刊『おいしさを測る』p. 128，129 参照）より $n = 30$ の有意水準 5%，1%，0.1% 欄を見ると，以下のようになっている.

検定表 $n = 30$ の欄	有意水準(α)		
	5%	1%	0.1%
付表1　2点識別法の検定表（片側検定）	20	22	24
付表2　2点嗜好法の検定表（両側検定）	21	23	25

　したがって，Q1「甘味の強い方」の結果は 21:9 なので，有意水準 5%（片側検定）で有意となり，H_0 を棄却し H_1 を採択する. つまり，21:9 というデータはまぐれ当たりというより，「両者を識別できる」と判断する. また Q2「好みに合う方」については，22:8 なので，有意水準 5%（両側検定）で有意となっている. したがって，この場合も H_0 を棄却し，H_1 を採択する. つまり，「二者間に嗜好差がないとはいえない」と判断され，選択度数の大きい R（甘味の弱い方）が好まれているといえる.

　この例のように，2種を比較するのに質問事項が複数ある場合，各質問項目の内容によって仮説のたて方（検定表の使い方）が異なるので注意が必要である. なお，3点（識別）試験法においても，正解となる確率は $p = \frac{1}{3}$ の二項分布に従うことを用いて検定を行う.

[2] 平均値の差の検定

食品開発における官能評価手法でよく使われるのが,採点法である.この場合,比較した試料につけられた評点の平均値に差があるか否かの検定を行うが,官能評価の方法,試料数,得られた評点分布などデータの持つ性質によって検定方法が異なるので用法に気をつけてほしい.

(Ⅰ) ヴェルチ(Welch)の方法(t-検定)

【考え方】

2つの独立した母集団 X,Y よりそれぞれ m,n 個の標本を抽出し,得られたデータから算出した統計量をもとに母平均 $\mu_x = \mu_y$(あるいは $\mu_x \neq \mu_y$)といえるか否かを検定する方法である(図 3.8).なおヴェルチの方法は,2つの母標準偏差 σ_x と σ_y が等しいという確信がないときに用いる.

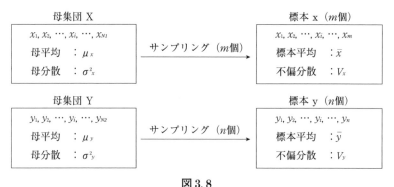

図 3.8

【検定の方法】

① 仮説をたてる.帰無仮説 $H_0: \mu_x = \mu_y$,対立仮説 $H_1: \mu_x \neq \mu_y$

② 有意水準 $\alpha = 5\%$(または 1%)(両側検定)

③ 統計量 t_0 を計算する

$$統計量 \quad t_0 = \frac{(\bar{x} - \bar{y})}{\sqrt{\left(\dfrac{V_x}{m}\right) + \left(\dfrac{V_y}{n}\right)}}$$

ここに V_x および V_y は標本 x,y の不偏分散といって,次式で表される.

5. 統計的推測―検定と推定―

$$V_x = \frac{\sum (x_i - \bar{x})^2}{(m-1)} \quad (x \text{ の不偏分散})$$

$$V_y = \frac{\sum (y_i - \bar{y})^2}{(n-1)} \quad (y \text{ の不偏分散})$$

④ 自由度 f の計算

$$\text{自由度} \quad f = \frac{1}{\left[\dfrac{c^2}{m-1} + \dfrac{1-c^2}{n-1}\right]}$$

$$\text{ここに} \quad c = \frac{\left(\dfrac{V_x}{m}\right)}{\left[\left(\dfrac{V_x}{m}\right) + \left(\dfrac{V_y}{n}\right)\right]}$$

⑤ 検　定

　統計量 t_0 は自由度 f の t-分布に従うことを用いて検定をする．すなわち t-分布表から自由度 f，有意水準 α に対する値 $t(f, \alpha)$ を見て，統計量 t_0 と比較し

　　　　$|t_0| \geqq t(f, \alpha)$ であれば帰無仮説 H_0 は棄却する．

　　　　$|t_0| < t(f, \alpha)$ であれば帰無仮説 H_0 は棄却できない．

　　（$|t_0|$ は「t_0 の絶対値」で，正負の符号は無視することを意味する）

■ 実施例については，既刊『おいしさを測る』p. 30〜33 を参照のこと．

（Ⅱ）対応のある平均値の差の検定（t-検定）

【考え方】

　「対応がある」とは，図 3.9 に示すように，2 つの変量 x, y につきそれぞれ対になる測定値 $[(x_1, y_1), (x_2, y_2), \cdots, (x_i, y_i), \cdots, (x_n, y_n)]$ が存在することを意味する．そしてデータは x, y 共に正規分布に従うことが条件である．とすれば，対応している x, y の測定値の差 d_i （$= x_i - y_i$）も正規分布に従うと考えられる．このような背景のもとに，平均値の差の有無を検定する方法である．

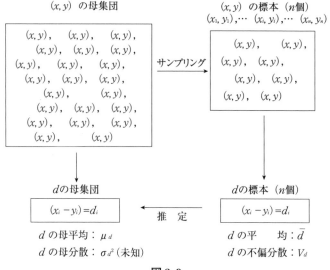

図 3.9

n 個の対応している (x, y) の測定値(標本)をもとに，2つの母平均に差があるか否かを検定する．この場合，x と y は1:1の対応をしているので，x_i と y_i の差 $d_i (= x_i - y_i)$ を新たな1つの母集団と考え，この分布をもとに検定を行う(表3.9)．(d_i が0に近ければ二者間の差が小さいことを意味する．)

表3.9 $d_i = (x_i - y_i)$ の計算

	1　2　3 …… i …… n	平均
測定値 x	x_1　x_2　x_3 …… x_i …… x_n	$\bar{x}$
測定値 y	y_1　y_2　y_3 …… y_i …… y_n	$\bar{y}$
$d_i = x_i - y_i$	d_1　d_2　d_3 …… d_i …… d_n	$\bar{d}$

【検定の方法】
① 仮説をたてる．帰無仮説 $H_0 : \mu_d = 0$，対立仮説 $H_1 : \mu_d \neq 0$
② 有意水準 $\alpha = 5\%$(あるいは1％)(両側検定)
③ 統計量 t_0 を計算する．

統計量 $t_0 = \dfrac{\bar{\bar{d}}}{\sqrt{\left(\dfrac{V_d}{n}\right)}}$

ここに, V_d は d の不偏分散といって, 次式で表される.

$$V_d = \frac{\sum (d_i - \overline{d})^2}{(n-1)} = \frac{\sum d_i{}^2 - (\sum d_i)^2/n}{(n-1)}$$

④ 検　定

統計量 t_0 は自由度 $f = n-1$ の t-分布に従うことを用いて検定をする.

t-分布表から自由度 $f = n-1$, 有意水準 α に対する値 $t(f, \alpha)$ を見て, 統計量 t_0 と比較し

$|t_0| \geqq t(f, \alpha)$ であれば帰無仮説 H_0 は棄却する.

$|t_0| < t(f, \alpha)$ であれば帰無仮説 H_0 は棄却できない.

■ 実施例については, 既刊『おいしさを測る』p. 33～35 を参照のこと.

(Ⅲ) 分散分析法の考え方(F-検定)

先のヴェルチの方法や, 対応のある平均値の差の検定法は, いずれも2つの母集団の平均値に差があるか否かを検定する方法であった. 母集団が3つ以上の平均値の差の検定には分散分析法が有効である. 分散分析法というのは, いくつかの要因を組み合わせて得られるデータから, データの持っている変動(バラツキ)を, 要因や誤差などに分解して, 各要因の効果を検定する方法である. 例えば, 睡眠薬と睡眠時間の関係について調べたい場合, 要因として睡眠薬の種類, 投与の量, 睡眠時間, 年齢などが考えられる. そして, ただ単に全体の平均的な効果を見るのではなく, 薬の効果が投与量や年齢によって異なるかもしれないなど, 深く分析した上で結論を導いてくれる. 一元配置法, 二元配置法, 三元配置法, 繰り返しの有無などにより解析法は異なる. なおここでは, 最も簡単な一元配置法(繰り返しのある場合)を例に, 基本的な考え方を説明する.

まず, データがばらつく要因を探るために, 得られたデータを分解すると

次のようになる.

$$\boxed{x_{ij}}\text{（実測値）}=\boxed{\overline{\overline{x}}}\text{（全データの平均値）}+\boxed{T_{ij}}\text{（全体のバラツキ）}\cdots\cdots\cdots\cdots(1)$$

さらに，全体のバラツキ T_{ij} は要因のバラツキ A_{ij} と残りのバラツキ E_{ij} に分けることができる．すなわち

$$\boxed{T_{ij}}\text{（全体のバラツキ）}=\boxed{A_{ij}}\text{（要因のバラツキ）}+\boxed{E_{ij}}\text{（残りのバラツキ）}\cdots\cdots(2)$$

(1)，(2)より

$$\boxed{x_{ij}} \quad = \quad \boxed{\overline{\overline{x}}} \quad + \quad \boxed{A_{ij}} \quad + \quad \boxed{E_{ij}}$$

実測値　　全データの平均値　　要因のバラツキ　　残りのバラツキ

　最も単純な例であるが，製法の異なる 3 種の製品につき，ある特性に関しそれぞれ 4 回の測定値（数値例）を表 3.10 に示す．このデータから，3 種の製法（要因 1，2，3）間に差があるか否かを検定する．なお，この例の一般的な表示形式を表 3.11 に示す.

表 3.10　数値例

i	要因		
j	1	2	3
くり返し 1	80	78	85
2	76	77	83
3	79	84	81
4	73	77	87
平均($\overline{x}_i$)	77	79	84

表 3.11

i	要因		
j	1	2	3
くり返し 1	x_{11}	x_{12}	x_{13}
2	x_{21}	x_{22}	x_{23}
3	x_{31}	x_{32}	x_{33}
4	x_{41}	x_{42}	x_{43}
平均($\overline{x}_i$)	$\overline{x}_1$	$\overline{x}_2$	$\overline{x}_3$

［注］　一般にデータ（実測値）を x_{ij}，
全データの平均値を $\overline{\overline{x}}$ で表す.
i：要因の数($i=1\sim t$)，j：くり返しの数($j=1\sim r$)．数値例では $i=3$，
$r=4$．$\overline{\overline{x}}=80$

　これらの関係を数値例（①～⑤）で表すと，次のようになる.

　① 実測値（データ）を表している.

　② 3 種の製品（要因）間に差がなく（ばらついていない），4 回の測定誤差もないならば，各データはすべて同じ値となるはずである．そこで，全データの平均値（$\overline{\overline{x}}$）＝80 を平等に与える.

5. 統計的推測—検定と推定—

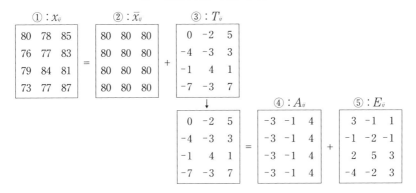

③ しかし，実際には①のようにデータはばらついている．そのバラツキの程度を見るために，①の値から②を引いた値，これが③で，これを［全体のバラツキ］という．

④ さらに表3.10より各製品の平均値を見ると，$\bar{x}_1 = 77$，$\bar{x}_2 = 79$，$\bar{x}_3 = 84$ のようにばらついている．そこで，各製品の平均値($\bar{x}_i$)から全体の平均値($\bar{\bar{x}}$)を引いた値を要因の影響によるバラツキとし，［要因のバラツキ］と呼ぶことにする．［要因のバラツキ］= $[\bar{x}_i - \bar{\bar{x}}]$

⑤ ③［全体のバラツキ］から④［要因のバラツキ］を取り出したもの，すなわち［③-④］が［残りのバラツキ］（一般には誤差という）である．

検定は以下の手順により計算する．
① 全体のバラツキ T_{ij} の平方和 S_T を計算する．S_T は次式で表される．
(( )内は数値例の計算結果)

$$S_T = \sum\sum (x_{ij} - \bar{\bar{x}})^2 = \sum x_{ij}^2 - \frac{(\sum\sum x_{ij})^2}{nr} = \sum\sum T_{ij}^2 \quad (= 188)$$

［注］：$\sum\sum$ と2つ並んでいるが，$\sum_{i=1}^{t}\sum_{j=1}^{r}$ を表している．これは添字 i, j につきすべて加えることを意味する．

② 次に，要因のバラツキ A_{ij} の平方和 S_A を計算する．S_A は次式で表される．

$$S_A = r \sum \left(\overline{x}_i - \overline{\overline{x}} \right)^2 = \sum \sum A_{ij} \qquad (=104)$$

③ 最後に残りのバラツキ E_{ij} の平方和 S_E を計算するのであるが，残りのバラツキは全体のバラツキから要因のバラツキを引いた値であるが，平方和は次式で表される．

$$S_E = \sum \sum (x_{ij} - \overline{x}_i)^2 = \sum \sum E_{ij} = S_T - S_A \qquad (=84)$$

④ それぞれの平方和を各自由度で割った値(不偏分散 V_A, V_E)は，共に各自由度の χ^2-分布に従うので，その比 $\dfrac{V_A}{V_E}$ は，この2つの自由度の F-分布に従うことを用いて等分散の検定を行う．これを表にしたのが分散分析表(表3.12)である．

【検　定】

帰無仮説 $H_0 : \sigma_A = \sigma_E$, 対立仮説 $H_1 : \sigma_A \neq \sigma_E$

統計量 $F_0 = \dfrac{V_A}{V_E}$ と F-分布表の自由度($f_1 = t-1$, $f_2 = r-1$)の5%点とを比較し

$F_0 \geqq F(f_1, f_2 ; 0.05)$ ならば H_0 は棄却(H_1 を採択)…製品間に差あり

$F_0 < F(f_1, f_2 ; 0.05)$ ならば H_0 を採択(H_1 を棄却)…製品間に差なし

と判断する．

数値例では $F_0 = 5.57 > F(2, 9 ; 0.05) = 4.26$ なので，有意水準5%で製品間に差があると判断する．

表3.12　分散分析表($t=3$, $r=4$)

		平方和	自由度		不偏分散		統計量 F_0	
要因(A)	S_A	104	$t-1$	2	$V_A = S_A/(t-1)$	52	$F_0 = V_A/V_E$	5.57
誤差(E)	S_E	84	$t(r-1)$	9	$V_E = S_E/t(r-1)$	9.33		
合計(T)	S_T	188	$tr-1$	11				

以上のように分散分析法は，実測値(データ)を各要因のバラツキと誤差のバラツキに分解し，要因の不偏分散値(V_A)と誤差の不偏分散値(V_E)の比の

大きさをもとに有意差検定を行う方法である．すなわち，要因間（製品間）の
バラツキが大きくなるということは要因の平均値が大きく異なっていること
を意味し，平均値の差の検定に用いられる．

　なお，　実施例（一元配置，二元配置，つり合い不完備型計画など）につい
ては，既刊『おいしさを測る』p. 35～49 を参照のこと．

5.3　推定―点推定と区間推定―

　推定（estimation）には，点推定と区間推定がある．**点推定**は標本（データ）
から得られた平均値 $\bar{x}$ や分散 s^2 をもとに母集団の平均（母平均：μ）や分散
（母分散：σ^2）を「点」で推測し，母集団の分布を推定する方法である．これ
に対し，**区間推定**というのは母平均や母分散を「点」ではなく，「区間」（範
囲）で推測するのである．なお既述のように，推定値は $\hat{\mu}$，$\hat{\sigma}$ などで表す．

(1)　点推定（母平均 μ，母分散 σ^2 の推定）

　点推定というのは，上述のように標本データをもとに未知である母平均や
母標準偏差を１つの値（点）で推定する方法である．統計学上，一般に母平均
の推定値は標本データの平均値で代替できることがわかっている．すなわち
$\boxed{\hat{\mu} = \bar{x}}$ である．また母分散 σ^2 の推定値 $\hat{\sigma}^2$ は，既述の不偏分散で代替でき
る．すなわち，標本の大きさ（データの数）を n，標本平均を $\bar{x}$，標本分散を
s^2 とすると，

$$\hat{\sigma}^2 = \frac{\sum (x_i - \bar{x})^2}{(n-1)} = s^2 \cdot \frac{n}{n-1}$$

$$（参考）標本分散\ s^2 = \frac{\sum (x - \bar{x})^2}{n}$$

　したがって，n が大きくなれば母分散は標本分散で代替することができ
る．なお点推定は，算出された推定値がどの程度の信頼性があるのかについ
ての情報は含まれていない．

【点推定の計算例】

　ある製品の中からランダムに抽出した35個の製品各々につき重量測定を行った結果を表3.13に示す.

表3.13　製品の重量(g)(n=35)

18.1	12.9	15.8	17.6	15.7	17.1	13.0	12.9	17.8	16.5	15.5	16.1
16.4	15.3	14.9	16.8	15.1	16.1	16.7	13.8	15.4	16.5	14.4	15.2
15.8	13.5	15.6	14.1	15.0	14.6	17.3	14.3	18.3	18.4	13.5	

　このデータで計算すると

$$平均値(\bar{x}) = \frac{1}{n}\sum x_i = \frac{546.0}{35} = 15.60,$$

$$分散(s^2) = \frac{1}{n}\sum x_i^2 - \bar{x}^2 = \frac{8599.64}{35} - 15.6^2 = 2.34$$

が得られる. したがって

$$母平均の推定値\ \hat{\mu} = \bar{x} = 15.60,$$

$$母分散の推定値\ \hat{\sigma}^2 = \frac{s^2 \cdot n}{(n-1)} = 2.34 \times \frac{35}{34} = 2.41,$$

$$母標準偏差の推定値\ \hat{\sigma} = \sqrt{2.41} = 1.55$$

となる.

　点推定は, 標本の平均値を母集団の平均値と見なすので, サンプリングの方法やサンプルサイズによるバラツキがあり, 1点で推定するには多少問題が残る場合がある. そこで「点」ではなく,「区間」で推定する方法について以下に述べる.

(2) 区間推定(母平均 μ の区間推定—母分散 σ^2 が未知の場合—)

　母平均 μ の区間推定は, 母分散 σ^2 が既知・未知によってその方法が異なる. しかし, 一般には母分散が既知の場合は少ないので, ここでは未知のケースについてのみ解説する.

　統計学上, 標本データが正規分布に従うか, または標本の数 n が大きければ($n \geqq 30$), 標本の平均値 $\bar{x}$ は [母平均 μ ; 母分散 $\frac{\sigma^2}{n}$] の正規分布 N $(\mu, \frac{\sigma^2}{n})$ に従うことがわかっている. この考え方に基づいて区間推定を行

う(標本数 $n \leq 30$ の場合は t-分布に従う).推定する区間を**信頼区間**といい,95%,99% を用いるのが一般的である.この 95% や 99% を**信頼係数**という.また,信頼区間の上限および下限を**信頼限界**という.信頼係数 95%,99% における母平均 μ の信頼区間は[5-1 式],[5-2 式]で表される.[5-1 式]を図示したものが図 3.10 である.

(1) 信頼係数 95% のとき($n \geq 30$)

$$\bar{x} - 1.96 \cdot \sqrt{\frac{\sigma^2}{n}} \leq \hat{\mu} \leq \bar{x} + 1.96 \cdot \sqrt{\frac{\sigma^2}{n}} \qquad [\text{5-1 式}]$$

(2) 信頼係数 99% のとき($n \geq 30$)

$$\bar{x} - 2.58 \cdot \sqrt{\frac{\sigma^2}{n}} \leq \hat{\mu} \leq \bar{x} + 2.58 \cdot \sqrt{\frac{\sigma^2}{n}} \qquad [\text{5-2 式}]$$

[注] [5-1 式]の係数 1.96 という数値は,正規分布表の片側 2.5% に相当する点(信頼係数 95%)である.同様に[5-2 式]の 2.58 は片側 0.5% 点(信頼係数 99%)に相当する.

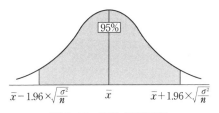

図 3.10　95% 信頼区間

【区間推定の計算例】

表 3.13 のデータを用いて[5-1],[5-2]式に $n = 35$,$\bar{x} = 15.60$,$\hat{\sigma}^2 = 2.41$ を代入するのであるが,いずれも共通項 $\sqrt{\frac{\hat{\sigma}^2}{n}}$ を計算すると $\sqrt{\frac{2.41}{35}} = 0.26$

(1) 信頼係数 95% のとき

　　$15.60 - 1.96 \times 0.26 \leq \hat{\mu} \leq 15.60 + 1.96 \times 0.26$　→　$15.09 \leq \hat{\mu} \leq 16.11$

(2) 信頼係数 99% のとき

$$15.60 - 2.58 \times 0.26 \leqq \hat{\mu} \leqq 15.60 + 2.58 \times 0.26 \ \rightarrow \ 14.93 \leqq \hat{\mu} \leqq 16.27$$

となる.

すなわち，この製品の1個当たりの平均重量は95%の信頼係数で 15.1～16.1g，99% で 14.9～16.3g の範囲にあるといえる.

　以上，十分な内容ではないが紙面の都合上，官能評価を行う上での基本的な統計学の説明は終わりとする．標本から母集団を推論するには，いかに信憑性の高いデータ(標本)が必要であるかがおわかりいただけたと思う．機器分析による測定値は，標本数が少なくても十分対応できる(再現性がある)が，官能評価データは「感情を持ったヒトの感覚」が測定器となるのでバラツキが大きく，再現性が問題になる．そうかといって，常々多くのデータをとることは難しい．そこで，1回1回の官能評価の必要性と，それに見合った実験計画をたてることが大切である．さらに，データに客観性を持たせるための統計解析が必要となる．そして，得られた貴重なデータを活用し，次のステップに役立たせていくことが重要である．そこには技術力の必要性は当然として，データの蓄積，豊富な体験などのノウハウがかなり役立つであろう．失敗を恐れずまずは実践し，ヒトの感覚がいかなるものかを知ることからはじめよう.

参 考 文 献

1) 佐藤　信：官能検査入門，日科技連(1978)
2) 佐藤　信：統計的官能検査法，日科技連(1985)
3) 古川秀子：おいしさを測る，幸書房(1994)
4) 宮城重二：健康・栄養・生活の統計学，光生館(2005)
5) 藤原直哉(監修)・長谷川孝(著)：実践 統計分析の基礎，万来舎(2005)
6) 万　　里：基礎統計学，農林統計協会(2007)

（古川秀子）

第4章　パソコンによる統計解析

　官能評価で収集したデータは，前章および既刊『おいしさを測る』3章に
記載されているように，公式や検定表があれば手計算で統計解析を実施する
ことが可能である．またそれにより，それぞれの統計解析手法の意味やその
理論を理解することができる．そのうえで，解析ソフトを積極的に活用して
統計量やその確率の算出を任せ，目的とする情報を効率的に収集し提供する
ことは，迅速な判断が必要とされる商品開発においては，とりわけ重要であ
りかつ有用である．

　パーソナルコンピュータは，「パソコン(以降 PC)」という略称で一般的
用語として用いられており，商品開発の現場では，日常的な文書作成，標本
数が少ないデータの管理や図表の作成など，個人的水準の仕事をこなすため
の機器として，広く一般的に整備されている環境といえよう．

　そこで，ここでは，いずれの PC にも標準装備されている一般的な表計算
ソフトの Excel に搭載された「分析ツール」を活用して，事務室や実験で使
用することの多い評価方法に関する検定法を中心に記載することとした．ま
た，実務においてすぐに使えることを主眼として，必要事項の簡単な解説と
ともに，具体的な評価事例による，「分析ツール」の使用手順や入力方法お
よび出力結果の紹介を行った．

　なお，Excel の「分析ツール」に用意されていない分析法や多変量解析
は，統計解析ソフトが必要である．統計解析ソフトは，SPSS や JMP が代表
的なものである．ここでは，手ごろな価格で概ね主要な統計解析手法が装備
されている SAS 社の JMP を用いて，その活用方法も併せて紹介する．

　Excel は Microsoft Excel 2013 を，JMP は ver 14.0.0 を使用したものであ
る．

　まず，第3章の記載になく，本章で必要となる統計解析の基礎となる考え

方や用語について簡単に解説する．

1. 統計解析の基本

1.1 変数の測定方法と尺度

各分析を行うに当たって，変数はその測定方法により，「量的データ」と「質的データ」に分けて考える必要がある．それぞれを「数量データ」「カテゴリーデータ」と呼ぶこともある．これらは，図4.1に示すように，データの持つ特性により4つの尺度がある．評価の判断の結果として得た数値は，それがどういう尺度として扱われていたか(どういう尺度が想定されていたか)によって，適用できる解析法が異なる．

図4.1 変数の測定方法と尺度

特定の変数の数値を，他のいくつかの変数を用いて予測(または識別)が行える場合，予測や識別のために用いる変数を「説明変数」，予測すべき変数を「目的変数」と呼ぶ．この呼称に関しては，いろいろな表現が散見され，基準変数と説明変数，従属変数と独立変数，外的基準と内的基準など専門分野により異なる．

1.2 変数の特性と統計的分析法

目的変数の有無，説明変数の個数，そして各変数のデータの特性により，次頁の図4.2に示すように，使用できる統計的分析や検定方法が定まってくる．

1. 統計解析の基本

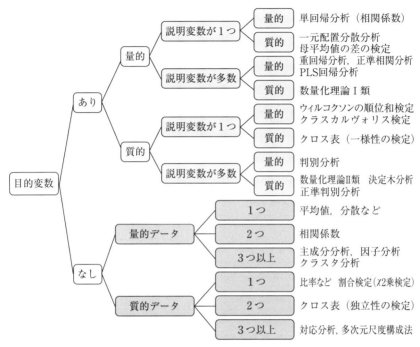

図4.2 変数の特性と分析や検定方法の例

なお，本章における PC を使った統計解析では，紙面の関係上，最も基本的な"差"および"順位"に関する量的，質的データの評価手法の統計解析を中心に取り上げる．

多変量解析については，一般的に使用されることの多い，目的変数ありの「重回帰分析」と，目的変数なしの「主成分分析」および「因子分析」について，実践的な使用における必要事項を紹介する．

なお，本章では実践的な使い方を第一義としているので，統計解析の理論については成書を参照いただきたい．

1.3　Excel「分析ツール」使用における注意事項

前章に，官能評価データ解析のための統計学(基礎編)の説明があるので，ここでは，PC を使用する際に知っておくべき事柄についてのみ追記する．

(1) Excel における「推定」

Excel の「分析ツール」は,標本(サンプル)を前提にしており,「分析ツール」を用いたデータの分散や標準偏差は,標本の値である.エクセル関数では,標本と母集団の両方が準備されている.よって,「推定」における母集団の分散や標準偏差は,エクセル関数を用いて導出しなければならない.

表4.1に,後述の基礎統計量で紹介する「豆腐の総合評価事例データ」を用いて,2つのエクセル関数を使った標本と母集団の「分散」と「標準偏差」を比較した.

表4.1 豆腐サンプル A における分散と標準偏差

分散	標本	3.6775	← = VARP(A2 : A41)
	母集団推定値	3.7718	← = VAR(A2 : A41)
標準偏差	標本	1.9177	← = STDEVP(A2 : A41)
	母集団推定値	1.9421	← = STDEV(A2 : A41)

なお,母集団と標本の分散および標準偏差の各数値の違いは,母集団の分散の推定値は,標本分散に $n/(n-1)$ $(n =$ データ数$)$ を乗じて算出し,母集団の標準偏差の推定値は,母分散推定値の平方根を算出することによる.
(第3章:推定―点推定と区間推定の項 p.77・78 参照)

(2)「仮説検定」の手順

官能評価データを採取する目的は,「他社品に比べ自社品は優位性があるか」「改良品は現行品の問題点が解決されているか」「開発担当者は当該食品に関する識別能力があるか」などの点について,それぞれの具体的な「知りたいこと」,すなわち「自社品は,他社品より好まれる」「改良品は現行品の問題特性が改良されている」「開発担当者は開発品の重要特性を識別できる」など,開発者や評価担当者が設定した仮説を検証するために実施される.

「検定」とは,自分のたてたこのような仮説が正しいか否かを,偶然起きたのか必然性があるのか,確率的に判断する手法のことである.この統計的

1. 統計解析の基本　　　　　　　　　　　　　　　85

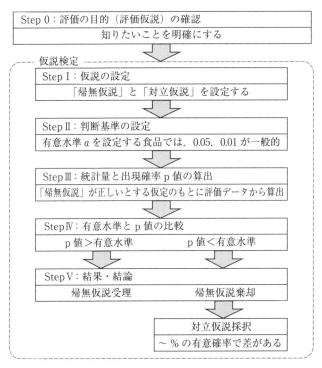

図4.3　仮説検定の手順フローチャート

検定のことを正確には「仮説検定」という．

　PC を使用してこの検定を行う手順は，図 4.3 のフローチャートに従って実施される．ここでの仮説検定は，図の Step I からの破線枠内に該当し，前述の評価目的となる開発者が設定する Step 0 の"仮説"は前段階のものである．

　Step 0 (評価仮説の確認)：まず，仮説検定の前に評価仮説を確認する．そして，それを検証するための採取データを，PC のデータ入力画面に，評価手法に対応した入力規則に従って入力する．

　Step I (仮説の設定)：例えば，○○特性に関して，"現行品と改良品は異なる"すなわち「変数 1 と変数 2 は異なる」を主張したいときは，逆に"現行品と改良品は差がない"すなわち「変数 1 と変数 2 は差がない」という"帰無仮説"を設定する．帰無仮説を否定する「変数 1 と変数 2 は差

がないとはいえない」が，“対立仮説”となる．

Step II(基準値；有意水準 α の設定)：基準値は有意水準 α で示され確率が小さいことの指標であり，一般には，食品の官能評価などは5%(0.05)，品質管理などのやや厳密な場合は1%(0.01)，非常に厳密に判断する場合は0.1%(0.001)の数値を，各自がその目的に照らし設定する．その設定法は，PC の当該入力画面に入力(PC の初期設定は0.05)，あるいは，PC の入力箇所がない場合は，出力される p 値(後述)の判断基準として設定する．

Step III(統計量と出現確率 p 値の算出)：入力データと解析法に従い，仮説が正しいという仮定のもとにデータより統計量とその統計量の確率分布に従った出現確率 p 値が，PC により自動的に算出され出力される．

Step VI(有意水準 α と出現確率 p 値の比較判定)：出現確率 p 値を，先に設定した判断の基準値の有意水準 α と比較し，その値の大小に基づき帰無仮説の可否を判断する．その結果，p 値が設定した基準値の有意水準 α より大きければ，それは確率的に有り得ることと判断し，帰無仮説を受理する．一方，p 値が有意水準 α より小さいとき，つまり，統計量が確率的に小さい値のときは，帰無仮説が間違っていると見なして帰無仮説を棄却する．そして，帰無仮説を否定する対立仮説を採択する．そのときは，「～%の確率で有意差がある」とする．

なお，ここで帰無仮説を棄却したときは，有意水準のもとで対立仮説は正しいといえるが，帰無仮説が棄却されなかったときは，帰無仮説が正しいと積極的に判断することはできないことに注意する．

(3) 両側検定と片側検定の選択

p 値の判定において，両側検定か片側検定を選ぶ必要がある場合，例えば，2試料間に差があることを，いずれかの大小・優劣や好き嫌いを問うなど両方の可能性を考慮する場合は両側検定，一方のみを考慮する場合は片側検定を選択する．(後に，実施事例で具体的に紹介する．)

次に，これから用いる Excel の「分析ツール」のアドイン法および関数の使い方について紹介する．

1.4 Excel の「分析ツール」のアドイン法

まず，Excel でデータ加工に利用する「分析ツール」を最初に使う場合，アドインする必要がある．この設定方法は，以下の通りである．

1. Excel の「トップ画面」の左下の「オプション」をクリック，画面左下から「アドイン」を選択しクリック
2. アドインの名前から「分析ツール」を選択し，画面右下側の管理(A)ボックスの Excel アドインを選択し，〔設定 G〕をクリック
3. 「アドインウィンドウ」が開くので「分析ツール」チェックボックスをオンして OK をクリックする
4. Excel の「データ」タブ画面の右端に「データ分析」が表示される

1.5 関数の使い方

関数は，Excel のセルに直接，= を付けて必要事項とともに入力する．例えば，平均を求めたい場合は，=AVERAGE(範囲指定(C3:C20)) となる．関数を検索する場合は，数式バー横の ［ f_x 関数の挿入］を押すと次頁下図のウインドーが出るので，下の解説を見ながら関数を選択する．［OK］をチェックすると当該内容に該当する入力画面が出力される．

2. 基本統計量

収集した生データを集計する方法として，1)表にまとめる，2)グラフ化する，3)基本統計量を求める，などの方法がある．ここでは，3)の基本統計量について解説する．

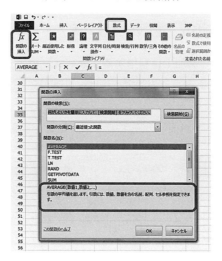

Excel の基本統計量を求める方法は，①関数を用いる方法と，②「分析ツール」を適用する方法がある．なお，前述したように「分析ツール」は，全数標本を前提にしているので，母集団の統計量は，データが標本である場合とする関数を適用する必要がある．

表 4.2 に，概念別の統計量およびその内容の概要と，Excel での関数をまとめた．

【解析事例 1】基本統計量：豆腐 5 種の総合評価

試料：豆腐 5 種 A～E

評価者：女子大学生　$n = 40$

評価手法：外観，香り，味・風味，食感の総合評価(0～10 点の 11 段階)

解析：Excel「分析ツール」の「基本統計量」を適用

【手　順】

収集データは，90 頁の図左に示すように，表頭に評価項目・試料を，表側に評価者を入力する．次に，「データ分析」から「分析ツール」画面の「基本統計量」を選択し，基本統計量画面の入力範囲にデータ部分を指定する．試料名 A～E を選択しているので，先頭行をラベルとして使用に

2. 基本統計量

表 4.2　基本統計量の内容と Excel での統計関数

概念	統計量	具体的内容	Excel での統計関数
代表値	合計	データ値の総計	= SUM（データの範囲）
	平均 （算術平均）	データ値の総和（合計値）をデータ数で割った値 分布の特徴は，正規分布の場合に適用	= AVERAGE（データの範囲）
	中央値	一番大きな値から数えて丁度，半分の値．分布の特徴は正規分布でなく対称でない場合に適用する．外れ値の影響を受けにくい	= MEDIAN（データの範囲）
	最頻値	データ値のうち最も度数の多い値 いずれの尺度においても適用が可能であるが名義尺度の代表値に用いる．バラツキはない．データ数が少ない場合の適用は好ましくない	= MODE（データの範囲）
散らばりの具合	分散	分布の特徴が正規分布の場合のデータのばらつき具合を示す データの代表値だけでは判断できない値の散らばりの具合	母集団の標本分散を求める = VARP or VAR.P （データの範囲） 母集団の分散の推定値を求める = VAR or VAR.S （データの範囲）
	標準偏差	分布の特徴が正規分布における平均値周辺の分布の広がり 分散の平方根	母集団の標準偏差を求める = STDEVP or STDEV.P （データの範囲） 母集団の標準偏差の推定値を求める = STDEV or STDEV.S （データの範囲）
	最大値	最大のデータ値	= MAX（データの範囲）
	最小値	最小のデータ値	= MIN（データの範囲）
	範囲	データの最大値から最小値を引いた値	= MAX（データの範囲）− MIN（データの範囲）
	四分位数	・データ値を大きい順に並び変えて4等分した値を四分位数という．小さい値から 25, 50, 75% を第 1, 2, 3 四分位数という ・四分位偏差 =（第3四分位数 − 第1四分位数）／2 正規分布でなく，対称性がない場合のばらつき値として適用される	・配列データから四分位数を抽出する　QUARTILE or QUARTILE.INC ・四分位偏差 =（QUARTILE（データ範囲, 3）− QUARTILE（データ範囲, 1））／2
分布形状	歪度（ワイド）	歪みや対称性を測定	= SKEW（データの範囲）
	尖度（センド）	とがりを測定	= KURT（データの範囲）

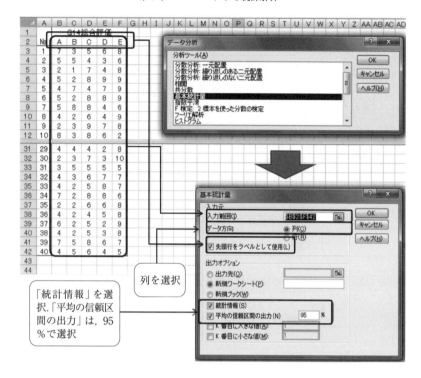

チェックを入れる．統計情報を選択して，平均の信頼区間は，95％を入力して［OK］をクリックする．

【結　果】

次表のように，豆腐A～Eの基本統計量が出力される．試料Eの平均値が最も高く，C，D，A，Bの順に評価が低くなっており，中央値，最頻値もそれが表れている．試料Eは高得点であるが，分散も最も大きく，評価者により評価のバラツキが大きいことがわかる．歪度値および中央値から試料Bは山が左寄り，試料Eは逆の右寄りの分布を示し，一方，試料Dは平均値と中央値が共に5で歪度も最も小さく左右対称形で正規分布に近い分布であることがわかる．

「標準誤差」や「信頼区間」は，「平均±1.96×標準誤差」の範囲に母集団の平均値があると考え，「信頼区間95％」は，信頼区間の範囲に95％の確率で母集団の平均があると考える．

5種類の豆腐の総合評価の基本統計量

	A	B	C	D	E
平均	4.15	3.525	6.575	5.2	7
標準誤差	0.307074701	0.272659034	0.239891803	0.334357401	0.341565026
中央値(メジアン)	4	3	7	5	8
最頻値(モード)	4	3	8	5	8
標準偏差	1.942110932	1.724447143	1.517208976	2.114661881	2.160246899
分散	3.771794872	2.973717949	2.301923077	4.471794872	4.666666667
尖度	-0.712677606	0.277516373	-1.212805023	-0.484334007	0.218204778
歪度	0.241967315	0.918724059	-0.428651534	0.185639124	-0.819262436
範囲	7	7	5	9	8
最小	1	1	4	1	2
最大	8	8	9	10	10
合計	166	141	263	208	280
標本数	40	40	40	40	40
信頼区間(95.0%)	0.621117203	0.551504947	0.485226966	0.676301673	0.690880469

次に，マーケティング調査や研究開発で最も頻度高く利用される"差"に関する統計手法について解説する.

3. "差"に関する統計手法

商品開発の実務において，自社品と他社品のどちらが好まれるか，競合品と試作品の間にどの程度の差異があるのか，また性別や年齢などによりサンプル間や属性間に差があるかなど，いろいろな"差"を知りたい場合が頻出する．サンプル間，変数間に差があることを比較する検定手法に，比率検定，t-検定，分散分析という代表的な3つの検定手法がある．以下に示すように，変数の数とデータの種類によって使い分けられる.

	2変数間の比較	3変数以上の比較
質的データ 名義尺度・順序尺度	比率検定 (割合検定)	
連続的量的データ 間隔尺度・比率尺度	t-検定	分散分析

以下に，各検定法についての簡単な説明と，評価手法と対応させた具体的内容を，解析事例を用いて紹介する.

3.1 比率検定（2点試験法，3点識別試験法，クロス表）

比率検定すなわち「比の差の検定」は，①1つの質問についての回答者の割合の差，②同一回答者の質問間の対応のある比の差，③性別などの個体の群間の比率の差，などが考えられるが，これらには，質的データに対応する「カイ二乗検定」や「二項検定」を適用する．

(1) カイ二乗検定

期待値（理論値）と観測値（実測値）のズレが許容範囲かどうかを検討するときに使われるデータ解析法である．一般的には，Pearson のカイ二乗検定が計算される．Excel では，事前にカイ二乗値の公式（（（（（観測度数－期待度数）^2）÷期待度）の総和）による算出が必要となるが，そのカイ二乗値Xを使用して，関数の CHIDIST(X, 自由度)をワークシートに入力するとカイ二乗分布の出現確率の p 値が返される．

JMP では，一変量の分布から「割合の検定」で，直接求めることができる．

商品開発における消費者アンケート調査は，性別，年齢，居住地域などの要因および調査サンプル・項目などのクロス集計を使用することが多い．このクロス集計にカイ二乗検定が適用される．後述する解析事例4に，具体的な例を紹介する．

(2) 二項検定

2つのカテゴリに分類されたデータの比率が，理論的に期待される分布から有意に偏っているかどうかを，二項分布を利用してその確率を直接求める方法である．小標本の場合に適用される．

単一項の二項分布確率を返す BINOMDIST or BINOM.DIST(成功数，試行回数，成功率，関数形式)関数を使うことができるが，その数値入力や解釈などにやや面倒な点がある．

JMP では，カイ二乗検定と同様に「割合の検定」から直接求められる．ここでは，簡便な JMP を適用して，以下3つの具体的事例を紹介する．

3. "差"に関する統計手法　　　93

【解析事例2】　カイ二乗検定：2点嗜好試験による健康飲料の嗜好評価

　　試料：現行品，改良試作品

　　評価者：当該飲料のターゲットユーザー　$n = 120$

　　評価手法：2点嗜好試験「総合的に好ましい方」をチョイスする

　　解析法：「JMP」による「割合の検定」：カイ二乗検定を適用

【手　順】

　JMPのデータ入力は，次頁図の左のように，表頭にチョイスサンプル，表側に評価者を設定しデータを入力する．データは，サンプル名あるいは名義尺度(1：現行品，2：改良試作品)いずれで入力してもよい．次に，データ入力画面のメニューバーの「分析」から「一変量の分布」を選択し，次に解析に使用するデータ列の「サンプル」を選択する．すると，度数の欄に，水準と度数と割合のデータが整理される．次に，サンプルの左の赤い▼のオプションから「割合の検定」を選択する．入力画面に，ここで仮説割合すなわち仮説値0.5，0.5を入力し，割合の検定に用いる対立仮説として，「対立仮説の割合が仮説値と等しくない(両側カイ二乗検定)」を選択し完了をクリックすると，"割合の検定"の結果が出力される．

【結　果】

　推定割合となる採取データは，現行品：改良試作品は，44人(37%)：76人(63%)であった．この検定には2通りの方法があるので2つの結果が出力されたが，ここでは，Pearsonの方法を参照する．カイ二乗値が"8.533"，自由度が"1"，最後にp値"0.0035"が示され，事前に設定した有意水準α＜0.05より小さい値で，「現行品と改良試作品の割合に有意差(α＜0.05)がある」となった．

　よって，改良試作品は現行品より「総合的に好ましい」とした評価の割合が有意に高く，本試作品にて製品改訂の実施が可能となる．

【解析事例3】　二項検定：3点識別試験法による苦味識別能力試験

　　試料：A：カフェイン0.02%水溶液　B：水

　　評価者：一般企業人　$n = 9$

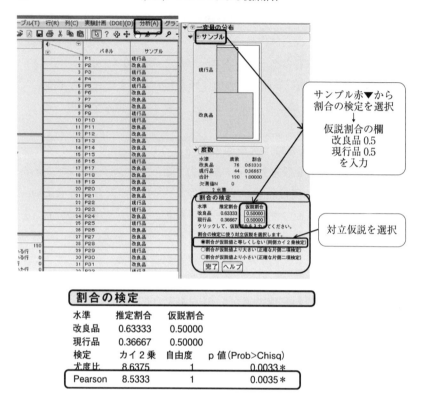

評価手法:3点識別試験法(AAB,ABBの組み合わせでランダム提示)

解析法:「JMP」による「割合の検定」から「片側二項検定」を適用

【手　順】

3点識別試験では,「評価者は,苦味の識別能力がある」ことを検証するために,帰無仮説:「提示する3品に差がない」すなわち「正解する確率は$\frac{1}{3}$」の二項検定のp値により判定する.対立仮説は「正解する確率は$\frac{1}{3}$より大きい」となる.

そこで,データ入力画面のメニューバーの分析から「一変量の分布」を選択し,次に解析に使用する列として「回答」を選択,次に,分析オプションから「割合の検定」を選択する.ここで仮説割合の正答欄に,仮説値=$\frac{1}{3}$を入力し,対立仮説として,「割合が仮説値より大きい(正確な片側二項検定)」を選択して,[完了]をクリックすると,結果が出力される.

3. "差"に関する統計手法

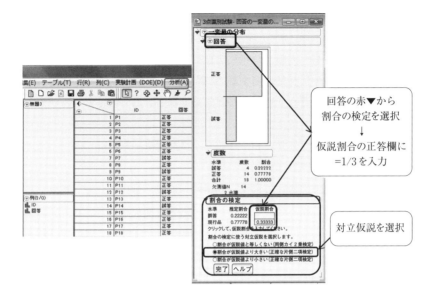

【結　果】

　仮説割合の p 値は，0.0001 となり，誤答と正答間に 0.1% の有意水準で有意差があり，正答割合が大きいという結果となる．よって，結論は，「パネルはカフェイン 0.02% の苦味溶液と水との識別ができている」といえる．

割合の検定		
水準	推定割合	仮説割合
誤答	0.22222	0.66667
正答	0.77778	0.33333

二項検定	検定した水準	仮説割合(p1)	p 値
Ha: Prob(p>p1)	正答	0.33333	0.0001 *

　なお，2 点識別試験については，帰無仮説：「正解する確率は $\frac{1}{2}$」を検証するために，仮説割合を 0.5，0.5 として，対立仮説に「割合が仮説値より大きい(正確な片側二項検定)」を選択して，その p 値により判定する．

【解析事例4】 カイ二乗検定：クロス表による食生活意識調査

対象者：一般主婦　$n = 150$

居住地域：東京，大阪　　年代：1；20・30代，2；40代，3；50代

評価方法：食生活行動に関する20項目．ここでは，「食材は栄養バランスを考えて買う」を記載．評価尺度は，1.あてはまる，2.ややあてはまる，3.あてはまらない，の3択

解析方法：JMP「分割表」から「カイ二乗検定」を適用

【手順および結果】

データ入力は下図の左に示す．表頭に，地域，年代，回答，度数を，表側に，これらの各組み合わせとそれに対応する度数を入力する．メニューバーの「分析」から「二変量の関係」を選択し，下図右の画面に，コメントに従い，Y：目的変数，X：説明変数，度数を指定する．[OK]をクリックすると，クロス集計表である分割表データとモザイク図が整理される．分割表の各セルには，度数，全体％，列％，行％が示される．また，回答と地域および回答と年代，それぞれの分割表による検定結果が出力される．検定結果は，Pearsonのカイ二乗値およびそのp値を参照すると，地域は11.39，0.0034，年代は12.86，0.012と，いずれも5％有意水準以下で有意差が認められた．なお，ここでは紙面の都合で，「回答と年代による分割表による分析」の出力結果について示す．

＜回答と年代の分割表による分析＞

分割表

度数 全体% 列% 行%	年代 20/30代	40代	50代	
あてはまる	27	29	23	79
	18.00	19.33	15.33	52.67
	46.55	50.00	67.65	
	34.18	36.71	29.11	
ややあてはまる	28	25	5	58
	18.67	16.67	3.33	38.67
	48.28	43.10	14.71	
	48.28	43.10	8.62	
あてはまらない	3	4	6	13
	2.00	2.67	4.00	8.67
	5.17	6.90	17.65	
	23.08	30.77	46.15	
	58	58	34	150
	38.67	38.67	22.67	

行ラベル：回答

モザイク図

検定

N	自由度	$(-1)*$対数尤度	R2乗 (U)
150	4	6.8191545	0.0424

検定	カイ2乗	p値 (Prob>ChiSq)
尤度比	13.638	0.0085*
Pearson	12.858	0.0120*

3.2 t-検定：評点法による2サンプルの比較

2つの平均値の差の検定に，以下(1)に示す3種の t-検定を適用する．

(1) t-検定の種類

① 分散が等しいと仮定した t-検定

異なる2集団による評価結果の平均値の差の検定に適用する．サンプルごとに同数のパネルが整えられない場合も対応できる．一般的な評価の場合がこれに該当するが，等分散性が不明の場合には，等分散性の検定が必要となる．

② 分散が等しいことを仮定しない t-検定

別名ヴェルチ(Welch)検定と呼ばれる．等分散性の検定で等分散が認められない場合や，1試料をコントロールとして固定し，別の試料を評価した場合が該当する．

③ 対応のある t-検定

同一の対象が条件を変えて2度測定されたとき，あるいは何らかの条件によって測定が対応づけられた場合に適用する．例えば，同一のサンプルが2

回測定されたときの平均値の差を検定するとき,学習の効果など同じ人に対する2度のテストの差を検定するとき,などが該当する.

(2) 等分散性の検定

実際には,2つのグループの母集団での母分散が等しいか否かは明らかでないことが多い.そのような場合,まず母集団での分散が等しいか否かを検定する等分散性の検討が必要となるが,Excel「分析ツール」には,「F-検定:2標本を使った分散の検定」が用意されている.

JMPでは,等分散の検定が t-検定と同時に実行できるように準備されている.また,分散が等しくない場合は,ヴェルチ検定の結果が出力される.

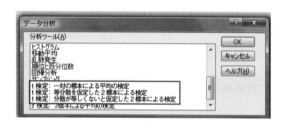

Excelの「分析ツール」は,3種類の t-検定が用意されているので,該当する手法の選択を行う.

t 検定:一対の標本による平均の検定は,前項「③ 対応のある t-検定」に相当する

t 検定:等分散を仮定した2標本による検定は,前項「① 分散が等しいと仮定した t-検定」に相当する

t 検定:分散が等しくないと仮定した2標本による検定は,前項「② 分散が等しいことを仮定しない t-検定」に相当する

【解析事例5】分散が等しいと仮定した t-検定:プリンの官能評価

試料:プリン市販品2種　P商品,Q商品

評価者:女子大学生　P商品:$n=40$　Q商品:$n=38$

評価手法:外観,香り,味風味,食感などの総合評価(0〜10点の11段階評価)

解析法：① Excel の「分析ツール」，F-検定：2 標本を使った分散の検定の後，「t 検定：等分散を仮定した 2 標本による検定」を適用
② JMP による二変量の関係　t-検定，等分散の検定を適用
なお，ここでの仮説検定は，以下の内容となる(以降，同様).
帰無仮説：「P 商品と Q 商品の総合評価に差がない」P 商品 = Q 商品
対立仮説：「P 商品と Q 商品の総合評価に差がある[注1]」P 商品 ≠ Q 商品
(P 商品 > Q 商品あるいは P 商品 < Q 商品)

【手順①および結果】Excel の「分析ツール」による解析

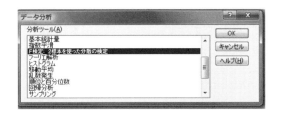

収集データ入力画面のデータ分析から「分析ツール」画面の「F-検定：2 標本を使った分散の検定」を選択する．

ここでは，P 商品と Q 商品の 2 つの集団評価の分散を比較する．分散が等しくないという対立仮説に対して，「分散は等しい」という帰無仮説に対する検定の結果を求める．[OK] をクリックすると次頁図(A)の右の画面が表示されるので，コメントに従い，該当部分にそれぞれ入力する．[OK] を入力すると，次頁図の画面(B)が出力される．

p 値は "0.300" となり，0.05 よりも大きい値なので，等分散であるとする．

そこで次に，「分析ツール」から，「t 検定：等分散を仮定した 2 標本による検定」を選択し，[OK] をクリックする．以下，101 頁画面に表示した入力を行う．

[OK] をクリックすると，以下の結果が出力される．ここでは，対立仮説が両方向であるので，P(T<=t 値)両側を見ると，"0.00894" であり，有意水準 α の 0.05 より小さい値となっている．よって，結果は「P 商品と Q 商品間の総合評価には，5% の有意水準で差がある」となる．

注 1　正確には，「P 商品と Q 商品の総合評価に差がないとはいえない」となる．

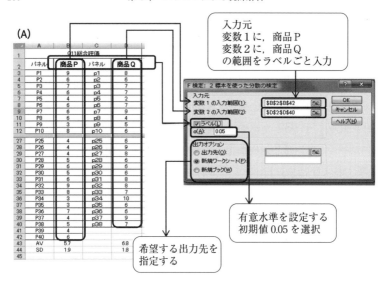

【手順②】JMP による解析

　まず，JMP のデータ画面に 102 頁図左のように入力する（あるいは Excel 画面から貼りつける）．次に，メニューバーの「分析」から「二変量の関係」を選択し，解析に使用する列を選択する．今回の目的は"総合評価"を「商品」で区別することであるので，Y：目的変数に評価得点を，X：説明変数に「商品」を指定する．［OK］をクリックし，→〔平均／ANOVA／プーリングした t 検定〕を選択すると，102 頁図下の t 検定のデータレポートが出力される．

　JMP では，分析オプションから，同時に「等分散性検定」を選択することができ，「分散が等しいことを調べる検定」に結果が出力される．

3. "差" に関する統計手法　　　　　　　　　　　　　　　　　　101

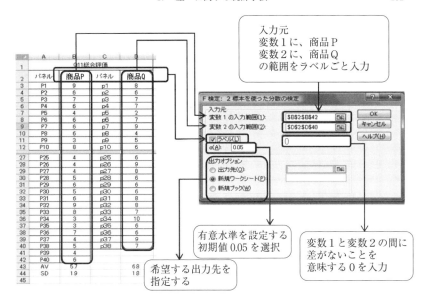

【結　果】

　データレポートに次頁の t-検定の結果が出力される．右側の段の一番上はデータから計算された t 値 2.683 が表示される．Excel の結果と記号が逆であるのは，Excel では，P-Q，JMP は Q-P による計算の結果である．次にその 2 段下に，両側検定の p 値（Prob>|t|）が示され，"0.0089" となる．（Prob>|t|は，Prob は Probability の略で，|t|は，両側検定を示す．）よって結論は，「有意水準 5% で，商品 P と商品 Q 間には有意に差がある」となる．

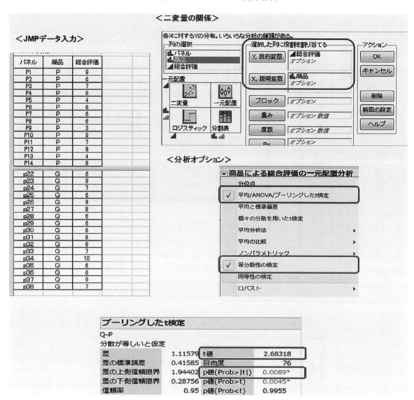

　また，等分散性を確認することができる．プリンの官能評価での「等分散性検定」についての出力結果を次頁に示した．

　2群間の分散が等しいことを帰無仮説とした「両側F検定」を確認するとp値は"0.600"となり，0.05よりも大きい値であるので「等分散である」とする．なお，併記されているLevene検定は，正規分布を満足しない集団がある場合，Bartlett検定は正規性が仮定できる場合に使用する．

3. "差"に関する統計手法

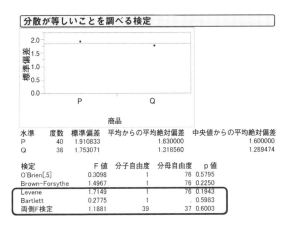

「等分散性検定」で等しいと仮定できないとき，JMPではヴェルチ (Welch)の検定結果が出力されるが，Excelでは以下の方法を用いる必要がある．

【解析事例6】分散が等しいことを仮定しない t-検定：味噌汁の官能評価

試料：インスタントみそ汁　現行品，改良品

評価者：女子大学生　$n = 37$

評価手法：うま味の強度および総合評価(現行品をコントロール4点として1〜4〜7の7段階尺度)による比較評価

解析法：Excel「分析ツール」：「t検定：分散が等しくないと仮定した2標本による検定」

帰無仮説：「現行品と改良品の両評価に差がない」　現行品＝改良品

対立仮説：「現行品と改良品の両評価に差がある」[注2]　現行品≠改良品
　　　　　(現行品＞改良品，あるいは現行品＜改良品)

【手　順】

データ分析から「分析ツール」画面の当該解析を選択すると，次頁図の右画面が開く．該当部分の範囲および該当箇所を入力するのは，前述と同様である．

注2　正確には，「現行品と改良品の両評価に差がないとはいえない」となる．

第4章　パソコンによる統計解析

	うま味の強さ		総合評価	
	現行品	試作品	現行品	試作品
P1	4	5	4	5
P2	4	4	4	4
P3	4	4	4	4
P4	4	5	4	5
P5	4	4	4	4
P6	4	4	4	3
P7	4	4	4	5
P8	4	3	4	4
P9	4	4	4	7
P10	4	4	4	4
P11	4	5	4	5
P19	4	4	4	6
P20	4	4	4	5
P21	4	4	4	4
P22	4	5	4	5
P23	4	4	4	4
P24	4	5	4	6
P25	4	4	4	4
P26	4	4	4	5
P27	4	4	4	5
P28	4	5	4	3
P29	4	4	4	4
P30	4	5	4	3
P31	4	4	4	4
P32	4	3	4	5
P33	4	4	4	3
P34	4	4	4	4
P35	4	5	4	3
P36	4	4	4	5
P37	4	4	4	4

＜うま味の強度＞

t検定: 分散が等しくないと仮定した2標本による検定

入力元
変数1の入力範囲(1): $B$2:$B$39
変数2の入力範囲(2): $C$2:$C$39
二標本の平均値の差(H): 0
☑ラベル(L)
α(A): 0.05
出力オプション
○ 出力先(O):
● 新規ワークシート(P):
○ 新規ブック(W)

OK　キャンセル　ヘルプ(H)

＜総合評価＞

t検定: 分散が等しくないと仮定した2標本による検定

入力元
変数1の入力範囲(1): $D$2:$D$39
変数2の入力範囲(2): $E$2:$E$39
二標本の平均値の差(H): 0
☑ラベル(L)
α(A): 0.05
出力オプション
○ 出力先(O):
● 新規ワークシート(P):
○ 新規ブック(W)

OK　キャンセル　ヘルプ(H)

【結　果】

　「現行品」と「改良品」間には，5％の有意水準で「うま味強度」および「総合評価」ともに，有意に差があるとなる．平均値から，「改良品」は「現行品」に比べうま味が強く，総合評価も高いということがわかる．

　なお，JMPでは，「二変量の関係」の「一元配置」から「個々の分散を用いた t 検定」を選択することより結果を得ることができる．

t-検定: 分散が等しくないと仮定した2標本による検定				
	＜うま味強度＞		＜総合評価＞	
	現行品	試作品	現行品	試作品
平均	4	4.243243243	4	4.486486486
分散	0	0.355855856	0	1.09009009
観測数	37	37	37	37
仮説平均との差異	0		0	
自由度	36		36	
t	-2.480302146		-2.834264958	
P(T<=t) 片側	0.008969483		0.003742208	
t 境界値 片側	1.688297694		1.688297694	
P(T<=t) 両側	0.017938966		0.007484417	
t 境界値 両側	2.028093987		2.028093987	

【解析事例7】対応のある t-検定：豆腐の官能評価

試料：1.豆腐のみ　2.醤油をかけた豆腐

評価者：女子大学生　$n = 40$

評価手法：外観，香り，味風味，食感の総合評価（0～10点の11段階尺度）

解析法：Excel：t検定：一対の標本による平均の検定を適用

帰無仮説：「試料1と試料2の総合評価に差がない」試料1＝試料2

対立仮説：「試料1と試料2の総合評価に差がある[注3]」試料1≠試料2
　　　　試料1＞試料2 あるいは 試料1＜試料2

【手　順】

下図左に示すように，Excelシートの表頭に，評価サンプル，表側にパネルを設定し，データを入力する．次に，「データ分析」から「t検定：一対の標本による平均の検定」を選択すると，下図右の入力画面が開く．以下のコメントに従い，各項目に範囲を指定，あるいは数値を入力して，結果の出力先を指定する．

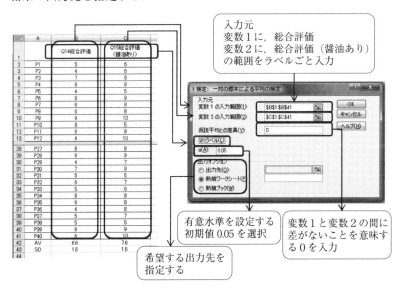

注3　正確には，「試料1と試料2の総合評価には差がないとはいえない」となる．

106　　　　　　　　第4章　パソコンによる統計解析

【結　果】

[OK] をクリックすると以下の結果が出力される．ここでは，対立仮説が両方向であるので，P(T<=t) 両側を見ると，"0.00025" であり，有意水準 α の 0.05 より小さい値となっている．よって，結果は「醤油ありの豆腐の総合評価は，豆腐のみの総合評価より，5% の有意水準で評価が高い」となる．

例えば，パネル P3 は高めに評点をつけ，一方，パネル P5 は低めにつけるというような傾向があるとしたら評点に反映する．すなわち，変数 1 と変数 2 に相関関係が存在するかどうかを，その相関の程度を表すピアソン相関が表示される．ここでは，"0.415" で中程度の相関があることがわかる．

t-検定 一対の標本による平均の検定ツール

	Q14総合評価	Q15総合評価 （醤油あり）
平均	6.575	7.625
分散	2.301923077	2.342948718
観測数	40	40
ピアソン相関	0.415417805	
仮説平均との差異	0	
自由度	39	
t	-4.029986749	
P(T<=t) 片側	0.000125172	
t境界値片側	1.684875122	
P(T<=t) 両側	0.000250345	
t 境界値 両側	2.022690901	

なお，JMP では，「対応のあるペア」の 2 標本検定から直接に検定できる．

3.3　分散分析：評点法による3つ以上のサンプルの比較

バラツキのある 3 点もしくはそれ以上の平均値の差を判定したいときは，t-検定ではなく分散分析（Analysis of variance）という統計的検定法を適用する．また，ある要因が結果に影響を与えているかどうか要因間を比較検証するときにも分散分析を適用する．ここでは，F 分布の確率を利用するが，F 分布を仮定する場合には，データが目的要因以外はランダムに選ばれている

ことや，正規分布をとる前提条件がある．一般的には，とくに偏った測定がなされていない場合は，前提が満たされていると考えて検定を進めることが多い．なお，t-検定と異なり，分散分析は片側検定のみで両側か片側かを検討する必要はない．以下の3種類が一般的に用いられる．

(1) 一元配置分散分析

バラツキのある3点もしくはそれ以上の平均値の差を判定する，あるいは1つの要因が結果に影響を与えているかを検証する場合に適用する．分散分析の結果からは，"どこかに差がある"ということのみで，具体的にどのペアに差があるかは，"多重比較"という手法を適用する必要がある．平均間の対比較にはTukey-KramerのHSD検定やフィッシャーのLSDなどを用いる．

(2) 二元配置分散分析（繰り返しなし）

2つの要因が結果に影響を与えているかを検証する場合で，それぞれのデータが1つの場合に適用する．

(3) 二元配置分散分析（繰り返しあり）

2つの要因が結果に影響を与えているかに加えて，2つの要因の交互作用によっても影響があるかどうかを検証する場合に適用する．このとき，それぞれのデータは複数存在することが特徴である．

Excelの「分析ツール」には，「分散分析：一元配置」「分散分析：繰り返しのある二元配置」「分散分析：繰り返しのない二元配置」の3種が準備されている．

【解析事例 8】一元配置分散分析と多重比較：ブレンド茶の官能評価

試料：ブレンド茶　5種　（試料A，B，C，D，E）

評価者：女子大学生　$n = 40 \sim 38$

評価手法：①香り風味の好ましさ，②さっぱり感・のどごしの良さ，③ブレンド茶としての総合評価(①②$-2 \sim +2$の5段階，③ $0 \sim 10$ の 11段階)について独立評価

解析法：① Excel「分析ツール」：「分散分析：一元配置」を適用
　　　　② JMP：「多重比較」を適用

【手順①】Excel「分析ツール」による「分散分析：一元配置」

「分析ツール」から「分散分析：一元配置」を選択すると，下図右が表れる．下図左のデータから，入力範囲，データ方向などを以下のコメントに従って入力する．

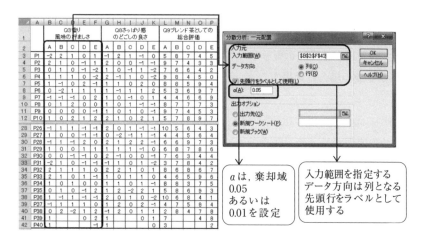

【結　果】

［OK］をクリックすると，次頁の表が出力される．ここで，「香り風味の好ましさ」には，A～Eの試料間に差がなく，「さっぱり感・のどごしの良さ」「総合評価」には，A～Eの試料間のどこかに差があるということがわかる．どの試料間に差があるかどうかは，Excelの「分析ツール」では検定できない．

3. "差"に関する統計手法   109

分散分析: 一元配置   「香り風味の好ましさ」
概要

グループ	標本数	合計	平均	分散
A	40	14	0.35	1.053846154
B	38	16	0.421053	1.06116643
C	38	16	0.421053	1.223328592
D	39	7	0.179487	1.203778677
E	40	-4	-0.1	1.425641026

分散分析表

変動要因	変動	自由度	分散	観測された分散比	P-値	F 境界値
グループ間	7.717274	4	1.929318	1.615062191	0.17211	2.419187
グループ内	226.9699	190	1.194578			
合計	234.6872	194				

分散分析: 一元配置   (さっぱり感のどごしの良さ)
概要

グループ	標本数	合計	平均	分散
A	40	35	0.875	0.830128205
B	38	20	0.526316	1.06685633
C	38	13	0.342105	1.150071124
D	39	16	0.410256	1.24831309
E	40	-19	-0.475	1.332692308

分散分析表

変動要因	変動	自由度	分散	観測された分散比	P-値	F 境界値
グループ間	39.52112	4	9.88028	8.779915688	1.59E-06	2.419187
グループ内	213.8122	190	1.125327			
合計	253.3333	194				

分散分析: 一元配置   (総合評価)
概要

グループ	標本数	合計	平均	分散
A	40	248	6.2	4.574358974
B	40	257	6.425	3.019871795
C	40	235	5.875	4.317307692
D	40	234	5.85	4.797435897
E	40	164	4.1	4.605128205

分散分析表

変動要因	変動	自由度	分散	観測された分散比	P-値	F 境界値
グループ間	135.53	4	33.8825	7.94837594	5.9E-06	2.417963
グループ内	831.25	195	4.262821			
合計	966.78	199				

【手順②】JMP での多重比較

　まず，JMP のデータ画面に次頁図の左表のように入力する(あるいは Excel 画面からインストールする)．次に，メニューバーの「分析」から「二変量の関係」を選択し，解析に使用する列を選択する．今回の目的は"総合評価"を「試料」で区別することであるので，Y：目的変数に各評価得点を，X：説明変数に「サンプル」を指定する．[OK] をクリックし→[平均/ANOVA] を選択すると，データレポートが出力される．JMP では，分析オプションから，同時に，あるいは直接に多重比較である「平均の比較」から [すべてのペア，Tukey の HSD 検定] を選択すると各試料

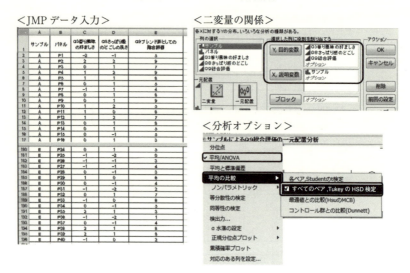

間の多重比較検定ができる.

【結　果】

　[OK] をクリックすると，以下の結果が出力される.

　分散分析で有意差が認められた「さっぱり感・のどごしの良さ」と「総合評価」の「Tukey-Kramer の HSD 検定」を使ったすべてのペアの比較の結果は，同じ文字でつながっていない水準は有意に異なることを示し，両評価項目ともに試料 A，B，C，D 間には差がなく，試料 E と他の試料間には，1% 以下の有意水準で有意差があることがわかる.

3. "差"に関する統計手法

【解析事例9】二元配置分散分析(繰り返しなし)：カップスープ5種類の評価

試料：カップスープ市販品5種(A, B, C, D, E)

評価者：20・30代女性　$n = 40$

評価手法：「総合評価」を11段階(0〜10点)尺度で，各パネルが独立評価で5サンプルを評価．評価者と試料の2要因の関係性を見る

解析法：Excel「分析ツール」：分散分析：「繰り返しのない二元配置」を適用

【手　順】

「分析ツール」から「分散分析：繰り返しのない二元配置」を選択すると，下図右が表示される．入力範囲，データ方向などを以下のコメントに従って入力する．

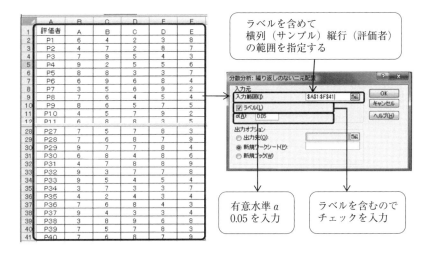

【結　果】

［OK］をクリックすると，上部には，評価者の各試料の基本統計量が示され，下部に，以下の分散分析表が出力される．行は評価者，列はサンプルを示し，観測された分散比は，本データの統計量のF値を示し，ここでは，その出現確率 p 値を示す「P-値」欄を確認する．p 値は，評価者要因は 0.551，サンプル要因は 0.0413 で，「総合評価」について評価者間に

112　　第 4 章　パソコンによる統計解析

分散分析表						
変動要因	変動	自由度	分散	観測された分散比	P-値	F 境界値
行	162.78	39	4.173846	0.955534032	0.550736	1.476986
列	44.58	4	11.145	2.551466056	0.0413	2.429625
誤差	681.42	156	4.368077			
合計	888.78	199				

は差がないが，サンプル間には 5% の有意水準で，いずれかに有意差があ
ることがわかる．

　なお，多重比較については【解析事例 8】と同様，JMP で解析する．

【解析事例 10-①】Excel；二元配置分散分析(繰り返しあり；繰り返し数が同数の場合)：嗜好飲料の評価

　試料：甘味料の異なった 3 種の嗜好飲料試作品(甘味料 A，B，C)

　評価者：分析型パネル　女性：$n=5$　男性：$n=5$

　評価手法：「後味のさっぱり感」を 21 段階(0〜20 点)尺度の独立評価

　解析法：① Excel：分散分析：繰り返しのある二元配置を適用

　　　　　② JMP：試料ごとの差の検定に「多重比較」を適用

【手　順】

　次頁図左のようにデータを入力し，「分析ツール」から「分散分析：繰
り返しのある二元配置」を選択すると，次頁図右が出力される．以下のコ
メントに従い入力する．

【結　果】

　[OK]をクリックすると次頁図下の結果が出力される．上部には，標本
(性別)での各試料の基本統計量が示され，下部に分散分析表が出力され
る．分散分析表の標本は，女性，男性の性別要因，列は，甘味料 A，B，
C の甘味要因を示している．また，交互作用は，性別と甘味の各要因の交
互作用の程度を示す．観測された分散比は，本データの統計量の F 値を
示し，ここでは，その出現確率 p 値を示す「P-値」欄を確認する．その
結果，p 値は，標本“0.0011”，列“0.0036”で両要因ともに 5% の有意
水準で有意差が認められた．甘味の異なる 3 試料間の「後味のさっぱり
感」に差があり，その感じ方には「性差」があることがわかる．各要因間

3. "差"に関する統計手法

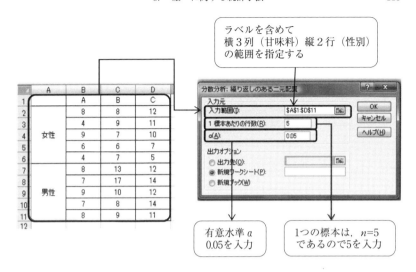

の交互作用は認められなかった.

なお，JMPによる試料間の多重比較の結果は，次頁図のように，甘味料AとCの間に$p=0.0134$で有意差（$\alpha<0.05$）があり，甘味料Cの方がAより「後味のさっぱり感」の評点差が3.75点で評価が高いこと，甘味料BとA，およびCとBの間には差が無いことがわかる.

114 第4章　パソコンによる統計解析

```
┌─────────────────────────────────────────────────────┐
│ Tukey-Kramer の HSD 検定を使ったすべてのペアの比較 │
└─────────────────────────────────────────────────────┘
```

水準			平均
C	A		10.800000
B	A	B	9.400000
A		B	7.000000

水準 - 水準		差	差の標準誤差	下側信頼限界	上側信頼限界	p 値
C	A	3.750000	1.237277	0.69970	6.800303	0.0134 *
B	A	2.857143	1.297018	-0.34044	6.054730	0.0870
C	B	0.892857	1.506999	-2.82240	4.608117	0.8252

また，Excel の「分析ツール」の二元配置分散分析では，データの繰り返し数が同一でなければならないことに注意する必要がある．

以下に，繰り返し数が各サンプルそれぞれ異なる場合の，JMP での「モデルのあてはめ」を適用した二元配置分散分析の解析事例を紹介する．

【解析事例 10-②】 JMP；二元配置分散分析(繰り返しあり；繰り返し数が異数の場合)：嗜好飲料の評価

試料：甘味料の異なった 3 種の嗜好飲料試作品(甘味料 A，B，C)

評価者：分析型パネル　女性 $n = 18$　男性 $n = 15$

評価手法：「後味のさっぱり感」を 20 満点(0〜20 点)尺度の独立評価

解析法：JMP：「モデルのあてはめ」による二要因の「効果の検定」を適用

【手順および結果】

次頁図左のデータ入力画面の分析より「モデルのあてはめ」を選択すると，図右のモデル設定の画面が出力される．目的変数 Y に，「後味のすっきり感」を指定し，「モデル効果の構成」の欄に，性別，サンプル，性別＊サンプルを入力して，[モデルの実行]をクリックすると，「効果の検定」に，二元配置分散分析の結果が出力される．ここでは，「性別」および「サンプル」に 5% の有意水準で有意差が認められ，交互作用は認められないことがわかる．多重比較については，JMP による解析ができることは同様である．

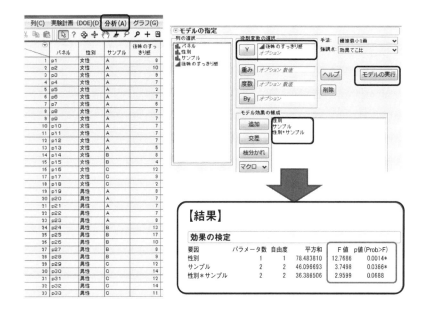

4. "順位"に関する統計手法

　順位法は，n 個の試料を盲試料として同時に提示し，刺激の大小，あるいは好みの優劣に関して順位をつけさせる（同順位を許さない）評価手法である．

　商品開発における順位法は，多くの有用な活用法がある．例えば，①候補サンプルが複数ある場合に，まず順位法で候補品からサンプルの絞り込みを行う，②評価者の識別能力を，既知の試料を用いて判定する，③消費者テストにおいて中心化傾向に配慮した偶数尺度や段階数の少ない3件法などの間隔尺度としては扱えない評点データを解析する，④パネル集団の評価の一致性を判定する，などである．

　ここでは，②に適用するスピアマン（Spearman）の順位相関係数，および③に適用するノンパラメトリックの一元配置分析と多重比較の，2つの具体的解析事例を紹介する．

【解析事例 11】 スピアマン(Spearman)の順位相関係数：評価者の識別能力判定試験

試料：グルタミン酸ナトリウムの水溶液 7 水準のサンプル A〜G

	A	B	C	D	E	F	G
グルタミン酸ナトリウム濃度 (g/dl)	0.0062	0.0052	0.0043	0.0036	0.0030	0.0025	0.0020

評価者：企業内の一般パネル $n=8$

評価手法：ランダムに配置した 7 水準のサンプルについて，「うま味の強い順位」をつけさせる

解析法：JMP：ノンパラメトリック相関係数の Spearman の順位相関係数(ρ)による検定を適用

【手　順】

下図左に示すように，表頭に客観的な順位である基準(ST)とパネル，表側に 5 サンプルを設定して各データを入力する．入力画面の「分析」から「多変量の相関」を選択し，役割の割り当て欄に，ST およびパネリストの P1〜P8 を指定する．

【結　果】

[OK]をクリックし，「多変量の相関」のオプションよりノンパラメト

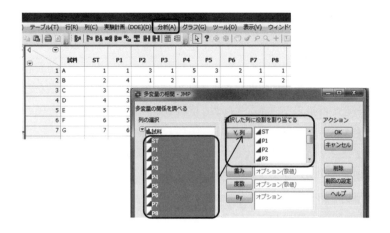

リックの Spearman の順位相関係数(ρ)を指定すると，各パネリストの Spearman の順位相関係数(ρ)とその p 値(Prob>$|\rho|$)が得られる．ここでは片側検定を行うので，両側検定の p 値をもとに，下表の最右欄に示す片側検定の p 値を算出する．

なお，Spearman の順位相関係数(ρ)は，1(客観順位と評価順位が全く一致)から-1(客観順位と評価順位が全く逆)の間の値をとる．P3 と P8 は1で，最も識別能力が高く，次に P6 と P7，P1，P2 の順に有意な識別能力があることがわかる．なお，P4，P5 は，今回の濃度差水準の識別能力はなかったこととなる(5% 有意水準)．

〈ノンパラメトリック：Spearman の順序相関係数(ρ)〉

変数	vs.変数	Spearman の 順位相関係数(ρ)	p 値(Prob>$|\rho|$)	p 値(Prob>ρ)
P1	ST	0.7857	0.0362	0.0181*
P2	ST	0.75	0.0522	0.0261*
P3	ST	1	<.0001	<.0001***
P4	ST	0.3571	0.4316	0.2158
P5	ST	0.6071	0.1482	0.0741
P6	ST	0.9643	0.0005	0.00025***
P7	ST	0.9643	0.0005	0.00025***
P8	ST	1	<.0001	<.0001***

【解析事例 12】 ノンパラメトリックデータの一元配置分散分析と多重比較の検定：食パンの評価

試料：食パンの市販品 5 種(A，B，C，D，E)

評価者：女子大学生　各 $n=45$

評価手法：「バター風味の強さ」について，3 段階尺度(1：強い，0：ふつう，-1：弱い)で評価

解析法：JMP：「Wilcoxon/Kruskal-Wallis の検定(順位和)」および，それに対応する多重比較「Steel-Dwass 検定」を適用

【手　順】

　下図左にあるように，表頭にサンプルとデータ値列を，表側にサンプルごとのパネル行を設定し，データを入力する．「分析」から「二変量の関係」を選択すると，下図右の画面が表示される．Y：目的変数にデータ，X：説明変数にサンプルを指定して，「サンプルによるデータの一元配置」のオプション「ノンパラメトリック」から，順序を使った一元配置分散分析である「Wilcoxon 検定」を選択すると，Wilcoxon/Kruskal-Wallis の検定(順位和)が示される．その一元配置検定(カイ二乗近似)が有意な場合は，ノンパラメトリックな多重比較法の「Steel-Dwass 検定」を指定すると，各サンプル間の差が検定される．

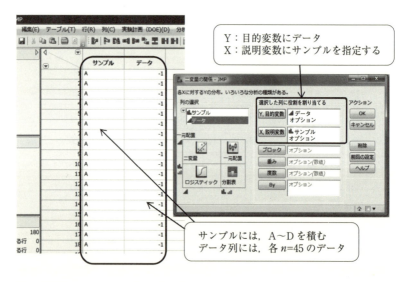

【結　果】

　Wilcoxon/Kruskal-Wallis の検定(順位和)の一元配置検定(カイ二乗近似)は，以下の結果となった．カイ二乗値は 11.40，p 値は 0.0097 で，4種のサンプル A～D の間のどこかに有意差が認められることがわかった．

Wilcoxon/Kruskal-Wallis の検定（順位和）

水準	度数	スコア和	スコアの期待値	スコア平均	(平均-平均0)/標準偏差0
A	45	3201.00	4072.50	71.133	-3.074
B	45	4642.50	4072.50	103.167	2.010
C	45	4010.50	4072.50	89.122	-0.217
D	45	4436.00	4072.50	98.578	1.281

一元配置検定（カイ2乗近似）

カイ2乗	自由度	p値（Prob>ChiSq）
11.4027	3	0.0097*

そこで，どのサンプル間に有意差があるかを知るために，ノンパラメトリック多重比較法の「Steel-Dwass 検定による，すべてのペアの比較」を実施する．

その結果，「バター風味の強さ」について，サンプルAとサンプルBの間，およびサンプルAとサンプルDの間に，5% の有意水準で有意差があることがわかった．

ノンパラメトリックな Steel-Dwass 検定による、すべてのペアの比較。

q*	Alpha
2.56903	0.05

水準 - 水準		スコア平均の差	差の標準誤差	Z	p値	Hodges-Lehmann	下側信頼限界	上側信頼限界
B	A	15.3778	5.134155	2.99519	0.0146 *	1.000000	0.00000	1.000000
D	A	13.9778	5.093287	2.74435	0.0309 *	0.000000	0.00000	1.000000
C	A	9.3111	5.028831	1.85155	0.2493	0.000000	0.00000	1.000000
D	C	4.8667	5.152312	0.94456	0.7808	0.000000	0.00000	1.000000
D	B	-2.7111	5.192187	-0.52215	0.9538	0.000000	-1.00000	0.000000
C	B	-7.1778	5.187929	-1.38355	0.5097	0.000000	-1.00000	0.000000

なお，採取データが対応のある場合には，Kruskal-Wallis 検定ではなく Friedman 検定を行う．

5. 多変量解析

食品に関する情報を得るため，官能評価や機器分析を用いて多項目のデータを採取し，当該食品のおいしさを構成する感覚・知覚特性値や成分・物理特性値などを調べることは頻繁に行われる．

このように，対象物に関するデータが複数個の変数からなる場合，そのよ

うなデータは,「多変量データ」と呼ばれる.また,多変量データについて変数相互の関係を考慮し,目的に応じて分析する手法群を「多変量解析：Multivariate Analysis」,あるいは「多変量データ解析：Multivariate Data Analysis」と総称する.

5.1　多変量データ活用の目的

商品開発においては,開発の各段階に種々の調査や官能評価が実施される.市場品や消費者意識の実態把握,開発研究における分析値や官能値の製品特性把握など,それぞれの目的に役立てるために種々の多変量解析が実施されているが,それらの多変量解析は,主に以下の4つの観点による分類が挙げられる.

①　関連性解析と予測

試作品の配合量や機器分析データに基づいて,新製品の消費者嗜好や購入意向等知りたい現象との関連性やその推定を行うなど,変数間を数学的に結びつけて,関連性の有無とその強さを判定する,あるいは,特定の現象に関する要因の影響を,事前に得られるいくつかの情報からその起こり方を推定する.主な手法として,重回帰分析,PLS回帰分析がある.

②　現象や構造の縮約と単純化(情報の圧縮)

消費者の食生活意識調査や食品の味・風味特性の官能評価データなどの多数の調査や測定データを基にして,消費者の価値観やおいしさの判断構造など,事象の背後に潜在的に存在する要因を把握するために,その複雑な事象のデータを単純な構造に縮約し,解釈を容易にするために分析を行う.主な手法として,主成分分析や因子分析,対応分析がある.

③　分類や層別

代表的な食品やメニューの嗜好調査結果から消費者集団を分類する,多くの商品群からヒット商品とそうでない商品を層別するなど,複数個の特性により定められた個体間もしくは変数間について,客観的な類似性をもとにグループとして分類する,あるいは異質のものを判別して層別する.主な手法として,クラスター分析や判別分析がある.

④ 仮説の検証と検定

因果関係が想定される問題において，原因と想定される項目が，本当に目的とする項目に影響を与えているのか探索的にモデル化する，あるいは自分で設定した仮説による因果モデルを検証することを目的に分析を行う．主な分析手法として，グラフィカルモデリングや構造方程式モデリング（共分散構造分析）がある．

なお，多変量解析には本章1.2の図4.2(p.83)に示したように，目的変数のある場合と，目的変数がない場合の2つがあり，上記分類の①④および③の判別分析は前者に，②および③のクラスター分析は後者に該当する．

本稿では，Excelの統計ツールで解析が可能な，①関連解析と予測に属する重回帰分析と，Excelでは準備されていないが，商品開発においてよく利用されている，②現象や構造の縮約と単純化（情報の圧縮）に属する主成分分析と因子分析について，JMPを用いて紹介する．

ここでは，実際に多変量解析を行うときに必要となる統計ソフトの操作法と出力データの結果の見方に主眼におき，そのために必要な基礎用語の概説と，具体的な事例による解析手順と結果を紹介する．

統計解析の理論や手法の詳細および他の分析手法については，成書を参照されたい．

5.2　重回帰分析：MRA（Multiple Regression Analysis）

予測したい変数のことを目的変数，目的変数を説明する変数のことを説明変数と呼ぶ．目的変数の数は1つであるが説明変数の数はいくつでもよく，説明変数が1つのとき特に単回帰分析，説明変数が2つ以上のときは重回帰分析と呼ぶ．

商品の購入意向や総合評価が，どの商品属性の影響が大きいか，どの品質特性によって決まるかは，商品企画や配合設計にとっての重要事項である．

回帰分析は，購入意向や総合評価のような目的変数と，原因となる成分配合量や物性値などの説明変数から，両変数間の関係を分析する．この関連性

には，線形方程式を想定することが多く，求められた方程式を回帰式と呼ぶ．目的変数と連続尺度の説明変数の間に式を当てはめ，目的変数が説明変数によってどれくらい説明できるのかを定量的に分析する．なお，回帰分析の当てはまりのよい線を引く1つの方法として，各変数のデータと当てはめの方程式との距離の差の総和を最小化するために，差分の二乗の総和を最小化する「最小二乗法」が使われる．

Excel「分析ツール」の回帰分析は，単回帰，重回帰いずれも下記の回帰統計，分散分析表，回帰式が3段にわたって結果として出力される．その表記に従って，回帰分析結果のチェックポイントを示す．

(1) 回帰統計

回帰式の当てはめの指標となる数値が出力される．
- ・重相関 R：予測値と観測値の相関係数．
- ・重決定 R2：正式には「決定係数 R^2」といい，回帰分析の当てはまりの指標である．重相関係数の二乗値で0〜1までの値をとり，その値が大きいほど回帰式の当てはまりがよいことを示す．説明変数を1つ追加すると必ず R^2 は増加し，説明変数の数に影響される．
- ・補正 R2：正式には「自由度調整済み決定係数」といい，決定係数が説明変数の数に依存する欠点を調整した値である．実質の寄与率を示し，通常この値を確認する．一般的に，当てはまりは0.5以上がよく，0.8以上は「非常によい」とされる．

(2) 分散分析表

回帰式が成り立っているか，説明変数で目的変数を予測できる式になっているか，「重相関係数 R＝0」の検定に関する情報を出力しており，「有意 F」欄の数値にこの検定における p 値が示される．

(3) 回帰式

係数(偏回帰係数)によって回帰式が表される．各説明変数の目的変数に対する影響度を比較するときは，偏回帰係数は変数の単位に依存するのでその

大小では判断せず，係数の t 値やその p 値で判定する．t 値は，係数を標準誤差で割った数値で，大きい値ほど目的変数との関連性が高い．

重回帰分析を行う主な目的は，①目的変数の予測，②目的変数に対する各説明変数の影響の程度を検討する，という2通りがある．前述のように，目的変数は，説明変数の偏回帰係数により線形予測式を構成することができるので，説明変数がわかれば目的変数の予測値を計算することができる．この際，目的変数，説明変数がともに量的変数であること，およびデータのサンプル数は，変数＋2以上が必要となる．

また，重回帰分析の説明変数X間は本来独立である必要がある．よって，変数間が独立になるように設定することが可能な加熱温度と時間や，香味成分配合を変えた試作品データなどが最適であり，このとき操作条件や配合条件を説明変数とし，目的変数に官能評価や機器分析の値を設定する．

しかし，実際に目的変数に対して説明変数としたいデータ間は完全に独立ということは少なく，その場合は，少なくとも相関が低いことが必要となる．また，官能評価や機器分析の項目間に相関が高い場合が考えられるデータには，主成分分析や因子分析など相関の高いものを縮約して，主成分や因子を代表する変数を説明変数とするなど，工夫する必要がある．

以下に，重回帰分析の関係モデルと予測回帰式を示した．なお，説明変数間の相関が高すぎる場合には偏回帰係数の推定量が不安定になり，多重共線性の問題に注意する必要がある．この問題やデータサンプル数の制約を解決した手法として，従来，計量化学などの分野で活用されているPLS回帰分析が，食品分野でも用いられるようになった．本件の詳細については，成書を参照されたい．

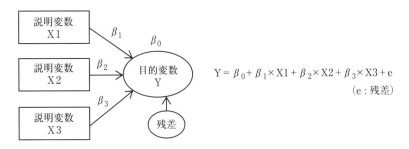

$Y = \beta_0 + \beta_1 \times X1 + \beta_2 \times X2 + \beta_3 \times X3 + e$

（e：残差）

【解析事例 13】重回帰分析：清涼飲料の「フルーツ感の好ましさ」の香料配合の影響

　清涼飲料に「フルーツ感」を付与するため，香料 4 種の配合を変化させた試作品を用いて，各香料と「フルーツ感の好ましさ」との関連性を把握し，「フルーツ感の好ましさ」を予測する回帰式を得ることを目的とした．

　試料：果実香料 A, B, C, D を配合したスポーツ飲料の試作品 10 種
　対象者：消費者主婦　$n = 80$
　評価方法：試作品 10 種のフルーツ感を 7 段階尺度で独立評価
　解析方法：Excel「分析ツール」：回帰分析．各試作品の平均値を使用

【手　順】

　「分析ツール」から回帰分析を選択し，下図右の入力画面が表示される．コメントに従い入力する．なお，図左の香料配合データは，各香料の使用単位が異なっていたため標準化(平均 0，分散 1)したものである．

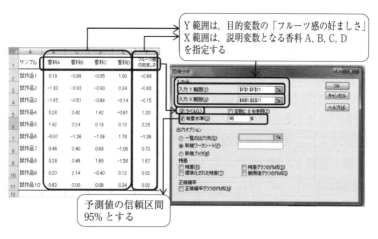

【結　果】

　［OK］をクリックすると，次頁表が出力される．「補正 R2」は"0.970"で，回帰モデルで説明できる割合は 97%を示した．「有意 F」は"0.000125"で，5% 以下の有意水準で「有意差あり」と判断できる．一番下の表は回帰式の切片と各項目の係数および 95% 信頼区間を示している．ここで，

切片をのぞく p 値が 0.05 以下の香料 D とそれに近い香料 C 以外は，除外したほうがよいことがわかる．

概要

回帰統計	
重相関 R	0.991614
重決定 R2	0.983298
補正 R2	0.969936
標準誤差	0.159435
観測数	10

分散分析表

	自由度	変動	分散	観測された分散比	有意 F
回帰	4	7.482503	1.870626	73.59043307	0.000125
残差	5	0.127097	0.025419		
合計	9	7.6096			

	係数	標準誤差	t	P-値	下限 95%	上限 95%
切片	0.103635	0.050432	2.054945	0.09504271	-0.026	0.233274
香料A	0.067126	0.093414	0.718592	0.504561863	-0.173	0.307254
香料B	0.052467	0.074545	0.703823	0.512955955	-0.13916	0.24409
香料C	0.356881	0.159128	2.242731	0.07495731	-0.05217	0.765932
香料D	-0.53829	0.156292	-3.44414	0.018353152	-0.94005	-0.13653

　説明変数を香料 C と香料 D の 2 変数にして回帰分析を再度実施した結果は，以下のように，有意 F，各変数の係数の p 値がそれぞれさらに小さい値になり，より当てはまりがよくなった．

概要

回帰統計	
重相関 R	0.98807
重決定 R2	0.976282
補正 R2	0.969506
標準誤差	0.160571
観測数	10

分散分析表

	自由度	変動	分散	観測された分散比	有意 F
回帰	2	7.429119	3.71456	144.0701109	2.05E-06
残差	7	0.180481	0.025783		
合計	9	7.6096			

	係数	標準誤差	t	P-値	下限 95%	上限 95%
切片	0.104028	0.050789	2.048262	0.079734662	-0.01607	0.224124
香料C	0.45226	0.099802	4.531585	0.002694608	0.216266	0.688253
香料D	-0.49435	0.100875	-4.90057	0.001751995	-0.73288	-0.25581

　また，予測変数の係数，すなわち「偏回帰係数」から，ここでは「フルーツ感の好ましさ」＝ 0.104 ＋ 0.452 ×香料 C － 0.494 ×香料 D ＋ e（誤差）という予測回帰式ができる．

5.3 主成分分析：PCA（Principal Components Analysis）

目的変数がなく変数相互間の構造を問題にする場合に，主成分分析を適用する．主成分分析は，3つ以上の量的変数を用いて，より少数の合成変数を新たに作成し，全変数の変動や構造を説明しようとするものである．主成分分析はこの点から，(1)情報の圧縮や，(2)合成変数の持つ意味から，変数間の関係を検討するなどの目的に用いられる．

(1) 主成分分析の考え方

主成分分析は多変量データを統合し，新たな総合指標を作り出すための手法で，多くの変数に重み（ウェイト）をつけて少数の合成変数を作るところに特徴がある．重みのつけ方は，合成変数ができるだけ多く元の変数の情報量を含むようにデータの散らばり具合，すなわち，分散＝情報量に着目する．

図 4.4 のような x_1, x_2 の二変量データの散布図があったとき，データの分散が最も大きくなる方向に軸をとり，これを第 1 主成分とする．第 1 主成分だけでは元のデータが持っていた情報をすべて表すことは不可能であるので，次に分散が大きくなる第 1 主成分に直交する軸を取り，これを第 2 主成分とする．

例えば，「身長」と「体重」という二変量のデータから，人間の体つきを分析すると，身長の高い人は概して体重も重く，身長の低い人は体重も軽い

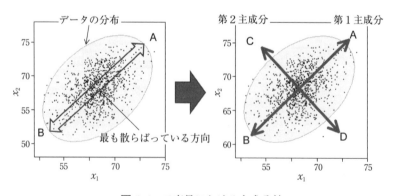

図 4.4　二変量における主成分軸

ことが一般的であり，身長と体重には正の相関がある．図 4.4 の x_1 軸を体重，x_2 軸を身長とした場合，A–B は，散布図でプロットされた点が作る楕円の最も長い方向であり，ここに，各点を投影するとき各点のバラツキ（分散）は最も大きくなる．A の方向は，身長・体重が共に大きいことを，B の方向は身長・体重が共に小さいことを表し，A–B 方向の第 1 主成分は「体格」を示している．一方，A–B 方向で表せない情報は，それと直交する C–D 方向が示す情報で，C の方向にいくほど，身長が高い割に体重が軽いやせ型であることを，逆に D の方向は体重が重い割には身長が小さい肥満型であることを示している．つまり，C–D 方向の第 2 主成分は「体型」を示しているといえる．

このように，「体格」や「体型」といった総合的な指標を導入することによって，データに含まれる変数間の関係や特徴が容易に把握できるようになり，また，バラツキの最大方向である「体格」には，人間の体つきについての多くの情報が集約されていると考えられる．

3 次元以上の多変量の場合の考え方も全く同様であり，第 3 主成分，第 4 主成分，……と，それぞれ直交する主成分を作る．新たな変数である主成分の重みは，これらの主成分の分散を計算すれば定量化することができる．元データの変数がいずれも均等であるのに対し，主成分のほうは，第 1，第 2，第 3 と順番に重要度が減少して，重要な上位数成分で元のデータに近い情報量を持つことになり，効率的で理解がしやすくなる．

なお，変数間のスケールに拠らずに考えるために，データは標準化してから主成分分析を適用する．

(2) 主成分分析で得られる指標

① 固有値：主成分の分散．得られた主成分の情報の大きさを表す．

② 固有ベクトル：元の変量へ掛けるべき係数で，主成分への重みとなる．

③ 寄与率：主成分が，元の変数の情報をどれだけ説明できるかを表す値．

④ 累積寄与率：主成分で，大きい固有値を持つほうから寄与率を累積した値．

⑤ 主成分負荷量：主成分と，元の変量との相関係数．主成分の解釈に用

い，主成分負荷量の絶対値が大きい場合，主成分と元の変数との関連が強いことを表す．
⑥ 主成分得点：散布図の中の各々の点が，抽出された各主成分の軸上でとる値．すなわち，各説明変量から主成分に下ろした垂線の足の値から各説明変量の平均値までの距離(正負を考慮)のこと．

(3) 主成分の数の選択

主成分分析は，なるべく少数の主成分で全体の変数の持つ変動を説明することを意図しているので，あまり小さな固有値に対応する主成分は意味を持たない．主成分の個数を定めるには，以下の方法のいずれかを採用する．

① 固有値が1以上の主成分のみ採用する．（カイザー基準）

主成分の固有値が，各データ変数の標準化されている分散の値である1を超えているかどうかを基準とし，1より大きければ説明力のある主成分として採用する．

② スクリープロット変換点

下図のように，各主成分の大きさをグラフにして，折れ線の傾きがゆるやかになる手前までの主成分を採用する．傾きがゆるやかになった後は，そこを採用と非採用の区分とすることに意味がつけにくくなる．

③ 累積寄与率がある程度大きくなることにより主成分数とする．ただし，絶対的な基準はない．

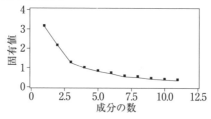

(4) 主成分の解釈

主成分分析によって行われることは，前述のように「データの分散から抽出できる互いに関係のある情報を分類して，独立したいくつかの主成分に集約し，表現する」ことのみである．コンピュータによる統計ソフトの分析結

果から何らかの結論がすぐに得られるわけでなく，「集約された結果の主成分」を解釈する作業が欠かせない．そして，この作業に当たっては教科書はなく，分析者自身が，各主成分を構成する項目の主成分負荷量の大小から解釈・命名することになる．

【解析事例 14】 主成分分析：コーンスープのイメージ構造

　シェフの手作り品から加工食品まで，あらゆる商品形態を網羅したコーンスープについてイメージ評価を行い，その判断構造を把握することを目的として実施された．イメージの評価項目は，消費者によるグループインタビューやアンケート調査で収集した用語から 20 語が抽出された．

　試料：コーンスープ 11 種(A～K)

　対象者：ターゲットユーザーの属性を持つ味覚審査員　$n = 40 \sim 42$

　評価方法：20 項目のイメージについて SD 法[注4]，単極[注5] の 5 段階尺度
　　　で各試料を独立提示で評価

　解析方法：JMP：「多変量」；「主成分分析」

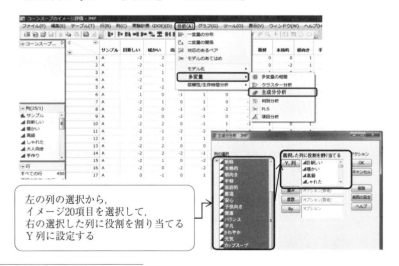

注 4　SD 法：セマンティック・ディファレンシャル法(意味微分法)刺激として提示されるものをコンセプトと呼び，コンセプトの持つ内容を多元的に表現するために，上品な―下品な，温かい―冷たい，などの反対語を両端においた評定尺度を用いて印象を評定する手法．

注 5　単極尺度：単一内容について肯定と否定の程度を測る．ex；明るい vs.明るくない．

130　　　　　　　　　　第4章　パソコンによる統計解析

【手　順】

　JMPのデータ入力画面の表頭に，サンプルと20項目のイメージ項目，表側に，11品種の各パネル評価をA～Kまでの評価データを縦積みにする．「分析」から「多変量」のオプションの「主成分分析」を選択すると，前頁図右下の主成分分析の入力画面が出力されるので，以下のコメントに従い，解析するデータを指定する．

【結　果】

　［OK］をクリックし，主成分分析の手法について「相関係数行列から」を選択し，さらに，▲から固有値，負荷量行列，負荷量プロットを選択すると，下表がそれぞれ出力される．

固有値

番号	固有値	寄与率	20 40 60 80	累積寄与率
1	6.0300	30.150		30.150
2	3.1511	15.755		45.905
3	1.8212	9.106		55.011
4	1.1395	5.698		60.709
5	0.9685	4.843		65.551

負荷量行列

	主成分1	主成分2	主成分3	主成分4
目新しい	0.59280	-0.21454	-0.00167	0.52503
暖かい	0.37445	0.28825	-0.15374	-0.35748
高級	0.80364	-0.11312	0.24938	-0.06251
しゃれた	0.66916	0.09770	0.40356	0.19864
大人向き	0.51617	-0.03635	0.62306	-0.23949
手作り	0.69483	-0.13431	-0.30957	-0.08266
新鮮	0.65881	0.07272	-0.02590	0.40141
本格的	0.84139	-0.12089	0.10705	-0.14428
朝向き	-0.14044	0.71701	0.20989	0.20510
手軽	-0.38524	0.69949	0.20263	0.03729
家庭的	0.57821	0.10097	-0.42858	-0.13225
厳選	0.75927	-0.00936	0.17622	-0.03497
安心	0.49396	0.50023	-0.18929	-0.19365
子供向き	-0.10940	0.41453	-0.61276	0.35967
健康	0.55578	0.33615	-0.38394	0.03363
バランス	0.55681	0.31049	-0.20826	-0.05011
平凡	-0.53676	0.45176	-0.03658	-0.32223
さわやか	0.05945	0.59909	0.35221	0.25090
元気	0.54434	0.46693	-0.05777	-0.21660
カップスープ	-0.10837	0.73087	0.21377	0.01515

主成分の数は，固有値1以上のカイザー基準により，第4主成分までを選択した．第4主成分までの累積寄与率は60.7%で，データの持っていた情報量のほぼ60%が説明されていることとなる．

負荷量行列の出力結果から，それぞれの主成分の解釈を行った．第1主成分は「本格的」「高級」「厳選」との相関が高く，「高品質」を表すイメージ因子であることがわかった(寄与率30.2%)．第2主成分は「カップスープ向き」「朝向き」「手軽」との相関が高く，「簡便性」を表すイメージ因子(寄与率15.8%)，第3主成分は「大人向き」，「子供向き」と相関が高く，「ターゲット」を表すイメージ因子(寄与率9.1%)，第4主成分は「目新しい」「新鮮」と相関が高く，「目新しさ」を表すイメージ因子

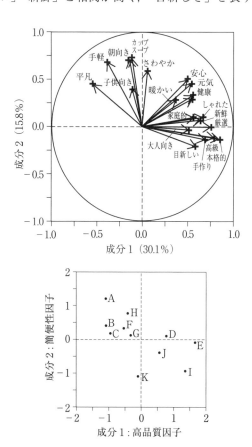

（寄与率 5.7%）と定義できる．

第1主成分×第2主成分の負荷量プロットおよび各商品の主成分得点の平均値による，主成分1×主成分2座標の商品プロットを前頁図に示した．

5.4 因子分析：FA（Factor Analysis）

目的変数がなく，変数相互間の関係から新しい概念のファクターを導く場合に，因子分析を適用する．因子分析は，多くの観測できる変量の裏に，直接観測することのできない潜在変数の「共通因子」[注6] が存在することを仮定し，それらを明らかにすることを目的とする．

因子分析は，前述の主成分分析と非常に似た手法で同じような場面に適用されるが，両者の基本的な考えには，主成分は合成の分析，因子分析は分解の分析といわれる相違がある．

(1) 因子分析と主成分分析

因子分析と主成分分析が似ている点は，例えば，ある 35 名の学級で，英語，国語，数学，社会，化学の試験が実施されたとする．このデータに目的変数のない場合の多変量解析を適用すると，5 教科相互の関係から新しいファクター，すなわち「文系能力」と「理系能力」を明らかにする関係式を見つけることができる．

文系能力 = 0.7×英語 + 0.9×国語 + 0.1×数学 + 0.8×社会 + 0.3×化学

理系能力 = 0.3×英語 + 0.1×国語 + 0.9×数学 + 0.2×社会 + 0.7×化学

この関係式の係数により，各教科が新しいファクターにどのくらい関与しているかが明らかになる．この新しいファクターを座標軸として，各係数により各教科（変数）を 2 次元の表に表す，あるいは，35 名の試験データを上記式に当てはめ，各生徒（サンプル）の各能力の数値を算出し，その平均値を用いて座標軸に表し，それぞれの類似性を捉えたりポジショニングすることができる．

注6　共通因子：他の項目と共通する要因，複数存在することが想定される．

5. 多変量解析　　　133

次に，因子分析と主成分分析の相違点について記載する．ここでは，簡単に英語と数学の得点に絞って，具体的に因子分析と主成分分析の相違について紹介する．

因子分析では，ある科目の得点が，いくつかの能力に分解できるという仮説をたてて，この式のウェイト(因子負荷量)を求めることを目的とする．

> 生徒 p1 の英語の得点 x_1 ＝(英語の文系能力に対するウェイト a_1×p1 の潜在
> 　　　　的文系能力 f) ＋(英語の理系能力に対するウェイト a_2×p1 の潜在
> 　　　　的理系能力 g) ＋独自得点 e

a_1, a_2：因子負荷量で因子分析から求める．
f，g：個人の潜在的能力得点は因子分析から求めることはできない．
独自得点 e：因子分析から求めることはできない．

一方，主成分分析では，多くの変数に重み(ウェイト)をつけて少数の合成変数を作るところに特徴があり，ここでは，各教科の点数を合成して，生徒の文系能力得点(主成分得点)を作成している．

> 生徒 p1 の文系能力得点 Z＝英語の文系能力に対するウェイト a_1×p1 の英語
> 　　　　　の得点 x_1 ＋数学の文系能力に対するウェイト a_2×p1 の数学の得
> 　　　　　点 x_2

a_1, a_2：主成分負荷量で主成分分析で求める．

ここで，主成分分析は，変数は各主成分にてすべて説明され，存在するデータを説明するような合成変数を作り出すことに主眼が置かれ，一方，因子分析は，背後に存在する原因を変数として浮き上がらせることに主眼が置かれるので，与えられたデータのすべてを因子で説明する必要はないことである．

(2) 因子分析の操作

図 4.5 左上の「回転前の因子負荷量」の座標図に示すように，主成分分析に相当する因子分析の回転前の操作は，第 1 因子に多くの観測変数が集まって総合的になり，意味のある次元にはならない場合が多い．そこで，回転前因子負荷量によって次元構造を明らかにした後，できるだけ軸の上に乗るよ

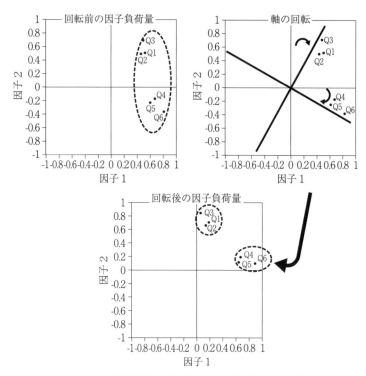

図 4.5 因子分析の回転前と回転後の因子負荷量

うに，また特定の項目群に強く影響があるような「単純構造」[注7]になるように「共通因子」を組み替える操作，すなわち図 4.5 の右上座標図に示すように「軸の回転」を操作すると，図 4.5 の下「回転後の因子負荷量」の座標図に示すように，意味のある次元として因子 1 および因子 2 軸で項目群が明確に分かれ，結果の解釈がしやすくなる．この，軸の回転の操作が因子分析である．

(3) 因子抽出法と回転法

因子抽出手法は多種類あり，主成分分析，主因子法，最尤法(さいゆうほう)[注8]，最小二乗

注7 単純構造：それぞれの項目の因子負荷が特定の因子だけに大きく，残りの因子に対しては非常に小さいような構造を指す．

法などが主に使用される．それぞれ一長一短があり，因子分析には正解がなく，自分の推測していたものに最もぴったりあう手法を探る必要がある．JMP では，主軸[注9] と最尤法が搭載されている．

　因子軸の回転法は2つに分けられ，直交回転と斜交回転がある．直交回転は因子間の相関が0という仮定をおいてなされる回転で，斜交回転は逆に因子間の相関があるものとして解を出す．前者にはバリマックス(Varimax)回転，後者にはプロマックス，クオーティミン回転などがある．バリマックス回転は，直交でできるだけ因子負荷を「単純構造」に近づけるよう回転する．JMP では，18の回転方法が選択できる．

　なお，回転する因子数の選定基準については，前述した本章5.3「主成分分析」の(3)項と同様の方法をとる．

(4) 因子分析で得られる指標

1)因子負荷量：観測変数に対して共通因子がどれくらいの強さで影響を与えているか，すなわち各変数と各因子の相関を表す．この因子負荷量が高い変数を考慮して因子を命名する．

2)分散(因子寄与)：主成分分析の固有値に相当する．因子が変数項目全体に対してどの程度寄与しているか．因子負荷の二乗和．

3)共通性：各変数値に対して，共通因子の部分がどの程度あるのかを示す指標．0〜1の値をとり，因子群ですべて説明できると1となる．値が小さい場合，その観測変数が独自に持っている因子「独自因子(誤差)」[注10]が効いている．

3)寄与率：因子がどの程度の説明力を持っているかの割合を表す．

4)因子得点：各因子と各個体(対象者)の相関の程度を表す．因子得点が高い個体は，その因子に影響されている度合いが高いといえる．

注8　最尤法：与えられたデータから，それが従う確率分布の母数について推測するために用いられる方法．尤度は，ある前提条件に従って結果が出現する場合に，逆に観察結果から見て前提条件が「何々であった」と推測する尤(もっと)もらしさを表す数値．
注9　主軸：主成分分析と同意．
注10　独自因子：項目独自の因子で，他の項目と共通部分がない．誤差として扱われる．

【解析事例15】因子分析：チョコレート嗜好要因解析への適用

第2章5節にて記載されたチョコレートの嗜好要因解析に，多変量解析の因子分析を適用した解析事例を示す．

試料：チョコレート2種　サンプルB，サンプルR

対象者：女子大学生　$n=50$

評価方法：チョコレートの特性10項目を5段階尺度，総合評価を11段階尺度で，各サンプルを評価

解析方法：JMP；「多変量」からVarimax回転による「因子分析」を適用し，総合評価でRを選んだ人をR嗜好派，Bを選んだ人をB嗜好派として，選好サンプル別に因子得点の平均値を用いて，各因子における嗜好の差異による判断構造の有無を検討した．

【手　順】

JMPのデータ入力画面の表頭に，サンプル，選好，評価項目，表側に2品種BとRの各パネル評価を縦積みにする．「分析」から「多変量」のオプションの「主成分分析」を選択すると，下図右下の因子分析の入力画面が出力されるので，以下のコメントに従い，解析するデータを指定する．

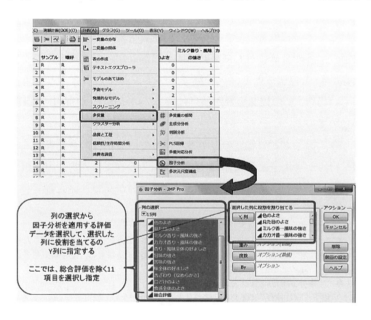

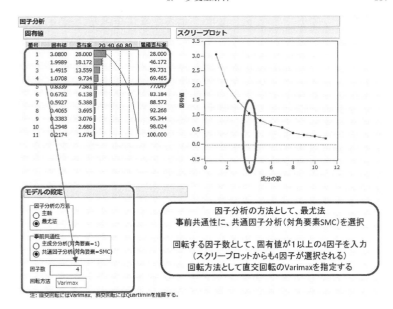

［OK］をクリックすると，因子分析の前頁の下図の画面が出力されるので，固有値あるいはスクリープロットをチェックして，右下欄のコメントに従い「モデルの設定」で因子分析の方法と事前共通性の選択，回転する因子数を入力し，回転方法を選択する．

【結　果】

実行をクリックすると以下に示す「回転後の因子負荷量」，「各因子によって説明される分散」の解析結果が出力する．因子負荷量から，因子1は，「食感全体のよさ」「口どけのよさ」「舌ざわり」と相関が高く「食感

因子」(寄与率15.9%),因子2は,「香り・風味全体の好み」「味全体の好ましさ」と相関が高く香味嗜好因子(同15.0%),因子3は,「色のよさ」「見た目のよさ」外観嗜好因子(同12.9%),因子4は,「甘味の強さ」「苦味の強さ」「ミルク香り・風味の強さ」「カカオ香り・風味の強さ」と相関が高く,甘・苦味因子(同12.6%)と定義され,この4因子で56.4%が説明できることがわかる.

次に,相関行列に対する因子分析のオプションから[回転後の因子を保存]をクリックすると,データの入力画面に各パネリストの因子1～4までの各因子得点が保存される.ここで,サンプルBおよびRの選好別に,各因子得点の平均値を算出する.

B嗜好派とR嗜好派の各因子の平均因子得点の新しいファイルを作成し,二変量の関係から,目的変数と説明変数に各因子を指定すると,下図に

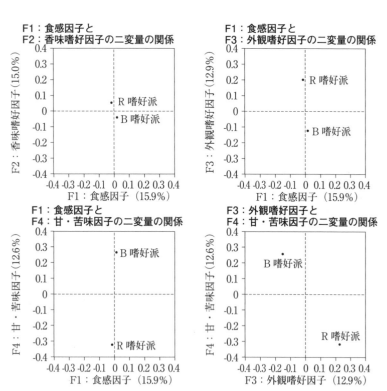

示すように，各因子をX，Y軸とした座標にB嗜好派およびR嗜好派がポジショニングされる．

このマップから，B嗜好派とR嗜好派の間には，因子1(F1)と因子2(F2)の「食感因子」と「香味嗜好因子」の判断においてはほとんど差がなく，因子3(F3)と因子4(F4)の「外観嗜好因子」および「甘・苦味因子」における判断に差があることがわかり，これが「総合的嗜好」の差異の理由であることがわかる．すなわち，B嗜好派は，色の好みより甘味やミルク香味の強度に，R嗜好派は，色が好ましく苦味やカカオ香味の強度に，総合的評価の判断がなされていることがわかる．

参 考 文 献

1) 石村貞夫，石村光資郎：入門 はじめての多変量解析，東京図書(2007)
2) 大村　平：改訂版 多変量解析のはなし―複雑さから本質を探る，日科技連出版社(2006)
3) 大村　平：改訂版 確率のはなし，日科技連出版社(2002)
4) 菅　民郎：『初心者がらくらく読める多変量解析の実践(上)』(現代数学社)(1993)
5) 佐藤　信：官能検査入門，日科技連出版社(1978)
6) 佐藤　新：統計的官能検査法，日科技連出版社(1985)
7) 廣野元久著：JMPによる多変量データ活用術，海文堂出版(2018)
8) 古川秀子：おいしさを測る，幸書房(1994)
9) Excel分析ツール：
〈アドイン法〉
https://support.office.com/ja-jp/article/excel「Excelで分析ツールを読み込む」Office Support検索
〈分析ツールの統計内容〉
https://support.office.com/ja-jp/article/「分析ツールを使用して統計学的および工学的分析を行う」Office Support検索
10) エクセル関数：https://dekiru.net/category/windows-office/excel-kansu/
11) SAS Institute Japan 2018.『JMP® 14の新機能』(日本語版)：
https://www.jmp.com/content/dam/jmp/documents/jp/support/jmp14/new-features-in-jmp-14.pdf

140 第4章 パソコンによる統計解析

12) JMP オンラインマニュアル（日本語版 JMP13. 2 バージョン）：
http://www.jmp.com/japan/support/help/13/index.shtml
・JMP12 以前のバージョンにも対応可
・日本語版 JMP14 のマニュアルは 2018 年 12 月以降にリリースされる予定

（上田玲子）

第5章　事例—商品開発と官能評価—
［事例1］　高齢者の摂食機能を考慮した食品開発

　高齢者食品の開発に当たっては，高齢者の摂食機能を考慮する必要がある．

　健常な人にとっては，食べ物を口に入れ(捕捉)，咀嚼し，飲み込む(嚥下)という一連の動作は日常的であるため，ほとんど意識せずに行っている．しかし，摂食(咀嚼や嚥下)機能が低下した高齢者にとっては食べ物を咀嚼し，嚥下するまでの一連の過程では，食べ物のテクスチャーを意識せざるを得ない．摂食・嚥下の過程における食べ物のテクスチャーについて知ることは，高齢者の摂食機能を考慮した食品開発につながるといえる．

1.　高齢者の摂食機能

1.1　摂食・嚥下のメカニズム

　図5.1に口腔の形態と食塊の移動について示した[1]．人は食べ物を口に取り込んだときに，口唇と歯を使って口の中に取り込む．硬い食べ物であれば歯を使って咀嚼し，軟らかいものであれば舌と硬口蓋によって押しつぶす．この過程で，舌を使い唾液と混合して食塊を形成している．この食塊が飲み込み(嚥下)に適したテクスチャーになると，波状的に嚥下が行われる[2]．

1.2　高齢者の摂食中の問題点

　食べ物が咀嚼しやすい硬さであるかどうかについては，口の中に取り込んだときに判断している．しかし，義歯を装着していることが多い高齢者には，硬いものはかみ切りにくい．また，咀嚼する過程で舌を巧みに使い，破

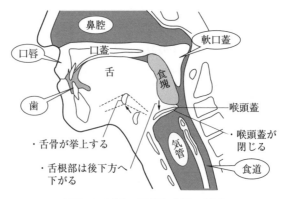

図5.1 口腔の形態と食塊の移動

砕した食べ物を唾液と混合し食塊としているが，高齢者では若年者に比べ，この機能が低下するので，飲み込んだあとに食べ物の破砕物が口腔中に残る量が多くなる．

　人は高齢になると，咀嚼や嚥下などの摂食機能が低下してくる．摂食・嚥下機能が低下していると，安全性や介助のしやすさから，経管栄養法や経静脈栄養法が行われ，口から食べる楽しみを奪っている[3]．

　口から食べることができても，摂食・嚥下機能が低下してくると，食事摂取量が減少するので，高齢者ではことに，PEM（たんぱく質エネルギー栄養失調症）や脱水症の問題が生じる[3]．このPEMを改善するためには，食肉などの良質たんぱく質の摂取が有効といわれている．しかし，高齢者にとって食肉は硬いという印象が強いので，軟らかく，しかもおいしい食肉加工製品が今求められている．一般には，軟らかくするという目的で，ミンチ肉状態にした食肉を利用する場合が多いが，高齢者ではハンバーグステーキや肉団子などの加工品は口中に残渣が残りやすく[4]，食事中のみならず食後においても食べ物の残渣が気管に入り（誤嚥），嚥下性肺炎の誘因になることもある．また，高齢者の摂食中の問題点として，唾液の性状が若年者と異なる点が指摘されており，唾液の性状について若年者と比較した事例を，次に紹介する．

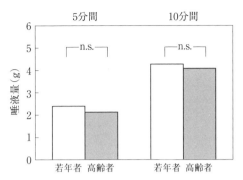

図5.2 若年者と高齢者の唾液採取量の比較

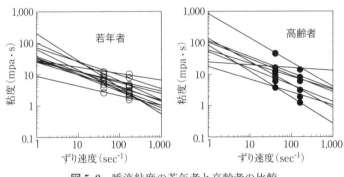

図5.3 唾液粘度の若年者と高齢者の比較

1.3 若年者と高齢者の唾液[5]

若年者の唾液と高齢者の唾液の性状を比較するため,レモンスライスを視覚的・嗅覚的刺激とし,2秒間に3回の空咀嚼を行ってもらい,5分後および10分後の唾液分泌量を測定し,図5.2に示した.唾液量には個人差があり,5分後および10分後の唾液量の差は,高齢者のほうがやや少ない傾向が見られているが,年代間に有意な差は認められなかった.

次に,得られた唾液の見かけの粘性率とずり速度の関係を年代別に示したものが図5.3である.唾液の粘度は個人差が大きいが,いずれの年代の唾液についても,ずり速度が増加すると粘度(粘性率)が減少する,ずり速度流動

化流動[6]を示した．高齢者の唾液の粘度は，全体的に若年者に比べやや高い値を示していた．唾液を提供していただいた高齢者は後期高齢者に該当するが，高齢者としては健常な状態であった．しかし，一般に高齢者では加齢に伴い，細胞内の水分量を保持する調節機能が低下してくるので，唾液や血液などの細胞外水分の水分量が低下し，濃度が濃くなり，粘度が高くなる傾向が見られる．そのため，食事に対しても配慮が必要といえる．

2. 高齢者の摂食・嚥下機能と食べ物のテクスチャー

一般には，食べ物におけるテクスチャーとは，かたさ，粘り，なめらかさ，もろさなどの食感に関する性質を表す用語とされている[6]．しかし，摂食機能が低下した人にとっての食べ物のテクスチャーとは，どのようなものであろうか．それは，咀嚼しやすく，口の中でまとまりやすく，さらには，飲み込みやすい食事のテクスチャーといえる．

2.1 テクスチャーの客観的評価法

摂食機能が低下した高齢者向けの食べ物の物性は，テクスチャー特性として測定されることが多い．2009年までは，1994年に制定された高齢者用食品の物性基準に準じていた．しかし，2009年からは，えん下困難者用食品の基準に発展的に改正され，テクスチャー特性の硬さ，付着性，凝集性による基準が新たに設けられている．このテクスチャー特性とは，歯や舌で食べ物を圧縮したときに感じる力に対応する物性値で，人の感覚と対応しているといわれている．粘性率は，「さらさら」や「べたべた」など，液体の粘りを表すことのできる物性値である．

2.2 介護食・嚥下調整食[3]

摂食機能が低下した高齢者の食事の代名詞ともいえるものが，介護食，あるいは嚥下食（嚥下調整食）である．摂食機能，特に咀嚼機能が低下した人に

とっては軟らかく噛み切る必要がない形態の食物が好ましいと考えられ，高齢者施設ではきざみ食がよく用いられている．一方，嚥下機能が低下した高齢者では，水のようにさらっとした液体は誤嚥の危険が伴うので，少しとろみ(粘度)をつけるなどの工夫がなされている．

したがって，介護食・嚥下調整食では，軟らかく煮る，細かく刻む，あるいはミキサーにかけるなどを行い，さらには市販のとろみ調整食品を用いて「粘度をつける」，あるいは「ゲル化剤を用いてゼリー状に固める」などの工夫を行っている．

3. 高齢者の摂食機能を考慮した食品開発に必要な高齢者対象の官能評価

咀嚼や嚥下機能が低下した高齢者にとってどのような食べ物が適しているか，ゼリー状食品[7]および肉製品[8]における若年者と高齢者の評価の類似点と相違点について，食べ易さとテクスチャーの関連性を検討した事例を紹介する．

3.1 食肉の硬さと咀嚼の関係

食肉を軟らかく食べる工夫として，豚ロースに重曹処理(0.4mol/ml)を行うと，軟らかくなることが明らかとなっている[9]．また，ミンチ肉をデンプンなどでまとめた市販の「再構成肉」は軟らかいので，「重曹未処理肉」(コントロール)と，「重曹処理肉」，「再構成肉」について，咀嚼することを想定して圧縮速度依存性を測定した(図5.4)ところ，「再構成肉」は，圧縮速度が増加するにつれ硬くなった(破断応力が増加した)．しかし，肉線維がそのまま残っている「重曹未処理肉」および「重曹処理肉」では，圧縮速度が増加するにつれ軟らかくなった[9]．

次に，高齢者施設などで肉を軟らかく食べる工夫として行われている，薄切り肉を4～5枚デンプン糊で結着させた「重ね肉」を加えた4種類について，飲み込む過程における肉食塊の見かけの硬さについて検討した[10]．図5.

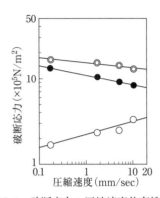
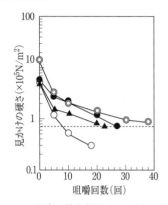

図5.4　破断応力の圧縮速度依存性　　図5.5　咀嚼回数と見かけの硬さの関係
◎：重曹未処理肉　●：重曹処理肉　　　◎：重曹未処理肉　●：重曹処理肉
○：再構成肉　　　　　　　　　　　　　▲：重ね肉　○：再構成肉

5に，咀嚼回数と見かけの硬さの関係を示した．飲み込む直前の食塊の見かけの硬さは，再構成肉を除く3種の肉のいずれについても，点線で示した$7 \times 10^4 N/m^2$程度の硬さとなっている．このことから，線維のある肉については硬さが変化しても咀嚼回数を調整し，食塊が飲み込みやすい硬さになったときに嚥下しているといえる．しかし，デンプンを多く含む再構成肉の場合は，他の肉と同じ硬さになっても飲み込むために必要な水分(唾液)量が不足していたために咀嚼を継続し，その結果軟らかくなったといえる[10]．

3.2　食肉製品の食べ易さにおける若年者と高齢者の比較

以上の研究は，若年者による官能評価を中心に行ったものであるが，高齢者用食品の開発には高齢者の嗜好評価が不可欠である．そこで次に，若年者と高齢者における食肉製品の食べ易さについて比較検討した事例を紹介する[8]．

先行研究の結果を踏まえ，基準となるミンチ肉(C)およびミンチ肉の一部をマッシュポテト(20%)に置換した試料肉(M)，またはマッシュポテト(17%)とデンプン(3%)に置換した試料肉(MS)のテクスチャー特性を測定した．また，この3種の試料肉について「かたさ」，「飲み込み易さ」，「残留

［事例 1］　高齢者の摂食機能を考慮した食品開発　　　　　　　　　　147

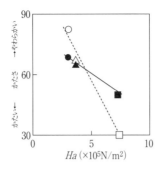

図 5.6　テクスチャー特性の硬さ Ha と官能評価のかたさの関係
　若年者：□基準肉(C)　△マッシュポテト置換肉(M)　○マッシュポテトとデンプン置換肉(MS)
　高齢者：■基準肉(C)　▲マッシュポテト置換肉(M)　●マッシュポテトとデンプン置換肉(MS)

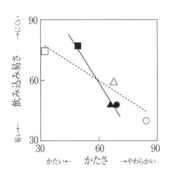

図 5.7　官能評価のかたさと飲み込み易さの関係
　若年者：□基準肉(C)　△マッシュポテト置換肉(M)　○マッシュポテトとデンプン置換肉(MS)
　高齢者：■基準肉(C)　▲マッシュポテト置換肉(M)　●マッシュポテトとデンプン置換肉(MS)

感」などを評価(順位法による官能評価)してもらった．パネルは若年者群および高齢者群とし，食べ易さについて比較を行った．

図 5.6 に，テクスチャー特性の硬さと官能評価から得られた「かたさ」の関係を示した．基準肉である試料(C)は，若年者群および高齢者群のいずれにおいても「最もかたい」と評価されたが，高齢者群ではマッシュポテト置換肉(M)とマッシュポテト＋デンプン置換肉(MS)には有意な差は認められなかった．そこで，官能評価値間の関係を検討し，図 5.7 に示した．ただし，有意差の検定結果は図中に示していないが，若年者群では最も軟らかいもの(MS)が有意に他の 2 試料よりも「飲み込みにくい」と評価された．し

第5章 事例—商品開発と官能評価—

表5.1 口中の残留感の評価
—高齢者と若年者の比較—

		C	M	MS	F	検定
残留感 （分析型）	若年者	51	56	73	8.87	＊
残留感の 多いもの1位	高齢者	57	67	67	2.47	n.s.

C：基準肉, M：マッシュポテト置換肉, MS：マッシュポテトとデンプン置換肉
＊：$p<0.05$, ＊＊：$p<0.01$, n.s.：有意差なし

かし，高齢者群では，最もかたい(C)が他の2試料よりも「飲み込みにくい」と評価され，若年者とやや異なる傾向を示した.

次に，残留感の結果を表5.1に示した．若年者群では，最もやわらかいマッシュポテト＋デンプン置換肉(MS)が，食べた後の口中における残留感が少ないと評価されたが，高齢者群では，3試料間に有意な差は認められなかった．分析型の残留感について若年者群と高齢者群を比較すると，3種の試料の口中の残留感は若年者群のみで識別可能であった．これは，高齢者群においては口中における食物残渣の識別機能が低下している可能性を示唆している結果といえよう.

また，口中の食物残渣は，口中の衛生面のみならず，就寝中に食物残渣が呼気とともに気管に流入する可能性も指摘されているので，口中感覚の低下した高齢者にとっては，口腔ケアの必要性が重要である.

3.3 ゼリーの飲み込み易さ

嚥下機能が低下した高齢者を対象に，飲み物にとろみをつけたり，ゲル化剤を用いてゼリー状にして提供する場合がある．いわゆる「水分補給ゼリー」である．そこで，ゼリーの飲み込み易さについて，高齢者と若年者を対象として，官能評価の手法を用いて比較した研究を次に紹介する.

[事例1] 高齢者の摂食機能を考慮した食品開発

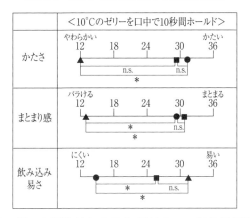

図5.8 若年者で行った順位法によるお茶ゼリーの官能評価結果
■：カラギーナン製剤ゼリー，●：ゼラチンゼリー，▲：寒天ゼリー，＊：$p<0.05$，n.s.：有意差なし

丹治ら[7]は，3種のゲル化剤を用いてゼリーの飲み込み特性を検討している．この研究は，高齢者施設を利用している摂食機能が低下した高齢者にとって，安全で好ましいゼリーについて検討することを目的としたものである．そこで，パネルはデイケア利用者でゼリーの喫食が可能な高齢者とし，若年者を対象パネルとして順位法による官能評価を行った．

摂食機能が低下した高齢者では，口に食べ物を取り込んで(捕捉)から飲み込むまでに時間を要する可能性があるので，官能評価の試料提示方法に配慮した．第一に，若年者対象の評価では，ゼリーを取り込んでから飲み込むまでの時間を10秒と設定した．第二に，提供温度は施設や病院等でゼリーを提供する場合を想定し，冷蔵庫から出した直後の10℃とした．以上のことを考慮し，若年者に対して，図5.8に示すように，3種のゼリーについて10℃のゼリーを10秒間ホールドしてもらい官能評価を行った．

この官能評価では，咽頭を通過するときに誤嚥しないゼリーの特性を知ることが目的であるため，ゼリー(20℃)の硬さを軟らかい茶碗蒸し程度($1\times10^3\mathrm{N/m^2}$)に調整してある．すなわち，10℃のゼリーが口中で10秒間保持されてから咽頭に至る間に，ゼリーの品温が約20℃に上昇することを考慮して設定した．

結果は図5.8に示したように，若年者で10℃のゼリーを10秒間口中で保

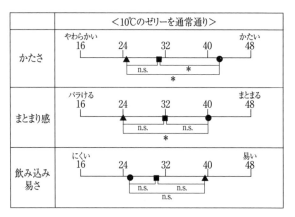

図 5.9　高齢者で行った順位法によるお茶ゼリーの官能評価結果
　　■：カラギーナン製剤ゼリー，●：ゼラチンゼリー，▲：寒天ゼリー，＊：p＜0.05，n.s.：有意差なし

持した後，飲み込んだ場合の飲み込み易さについて見ると，寒天ゼリーとカラギーナンゼリーの間に有意差は見られないが，ゼラチンゼリーは有意に飲み込みにくいと評価されている．

　高齢者の結果を図5.9に示した．飲み込み易さについては，有意な差が寒天ゼリーとゼラチンゼリー間に認められてはいないが，若年者（10℃のゼリーを10秒間保持）の結果と同様の傾向が得られた．他の項目においても同様の傾向が認められており，摂食機能に障害を持つ高齢者を想定した口中で10秒間保持するという方法は，ゼリーのように温度によってテクスチャーが変化する食物に対しては有効な方法といえる．

　高齢者の摂食機能を考慮した食品開発では，高齢者の官能評価は必要なものといえる．しかし，誤嚥の危険性が認められる高齢者に対して，倫理上，官能評価は実施できないので，若年者パネルで代替することを考える必要がある．すなわち，高齢者の摂食行動を観察し，高齢者の摂食行動に類似した摂食方法で官能評価を実施し，最終的には，高齢者施設の関係者に評価を依頼するなどの手段が必要であろう．

参 考 文 献

1) 向井美恵：おいしさの科学事典，朝倉書店，東京，p. 315（2003）

2) Groher M.E.（塩浦政男他訳）：嚥下障害，医歯薬出版，東京（1989）

3) 手嶋登志子：介護食ハンドブック（第2版），p. 23，医歯薬出版，東京（2010）

4) 野村修一：高齢者の摂食・咀嚼機能，臨床栄養，**93**，376-379（1998）

5) 川野亜紀，高橋智子，大越ひろ：寒天ゼリーを用いたモデル食塊のテクスチャー特性と官能評価，日本家政学会誌，**56**(10)，711-717（2005）

6) 大越ひろ：改訂新版 おいしさのレオロジー，アイ・ケイコーポレーション，東京（2011）

7) 丹治彩子，高橋智子，大越ひろ：異なるゲル化剤を用いた3種のお茶ゼリーの飲み込み特性—若年者と高齢者の比較—，日本摂食・嚥下リハビリテーション学会誌，**9**(1)，62-70（2005）

8) 金 娟廷，高橋智子，品川弘子，大越ひろ：ポテトフレークを利用した高齢者向き豚肉加工品の性状，日本官能評価学会誌，**10**(2)，94-99（2006）

9) 高橋智子，川野亜紀，飯田文子，鈴木美紀，和田佳子，大越ひろ：食べ易い食肉の力学的特性と咀嚼運動，日本家政学会誌，**54**，357-364（2003）

10) 高橋智子，中川令恵，道脇幸博，川野亜紀，鈴木美紀，和田佳子，大越ひろ：食べ易い食肉のテクスチャー特性と咀嚼運動，日本家政学会誌，**55**(1)，3-13（2004）

（大越ひろ）

［事例2］ コンビニ商品の開発と官能評価

「(株)FECおかむら」は，コンビニ食品やチェーンストア向けの食品(弁当，おにぎり，惣菜など)の開発に関わる官能評価を実施することを主目的に2002年，港区芝浦に「田町モニタールーム」を開設した．コンビニの店頭に並ぶ食品の品種は今や2,000種類にも及び，日々多くの新製品が生み出されている．その中で競合他社との差別化を図り，購買力の高い商品を生み出すために不可欠な技術の1つが官能評価ではないかと考えたのである．

以下に，その内容について紹介する．

1. 官能評価室および周辺の設備

〈受付・待合室〉

ここは，来室したパネルの受付を行うとともに，待合室を兼ねている．また，パネルが全員集合後，官能評価室での席順の確認，私語厳禁，携帯電話の使用厳禁といった注意事項についても確認を行う(図5.10)．

〈準備室〉

米飯用冷ケース1台，チルド用冷ケース1台，業務用冷凍冷蔵庫1台，高速電子レンジ10台を設置している．冷蔵ケース，高速電子レンジは実際のコンビニやチェーンストア店舗と同様の設備機種であり，実際の店舗での陳列・保管や商品の温め具合を再現できるよう配慮している(図5.11)．

また，準備室は文字どおり，官能評価を行う上での準備をするところである．例えば商品パッケージによる評価の影響が出ないように，パッケージをはずしたり，同一の容器に入れ替えたりする作業，テスト用容器の準備などを行っている．おにぎりやサンドイッチの場合は無地の紙皿，弁当や調理麺，惣菜などは，実際にコンビニの商品に使われる容器を使用する．

なお，試料コードを付ける場合は記号効果をなくすため，アルファベット

［事例2］　コンビニ商品の開発と官能評価

図5.10　受付・待合室

図5.11　準　備　室

図5.12　官能評価室

図5.13　インタビュールーム

の中で使い慣れていないものをランダムに選んでいる．

〈官能評価室〉

　官能評価室の特徴は，特に評価に影響しやすいといわれる環境(防音，温度・湿度，換気，照明など)に配慮した設備を整え，パネル全員が共通して適正な場所で評価ができるような設計にしている．

　30人分のブースがあり，それぞれに口すすぎ用のシンクを設置している．また，「香り」に対する評価が正しく行われるよう，天井に大型の脱臭機を取り付けている(図5.12)．

〈インタビュールーム〉

　8人掛けの円卓があり，司会者(モデレーター)1人，パネル7人でディスカッションを行う．グループインタビューを行うことにより，定量的な調査

からは得られない評価情報を引き出すメリットがある．円卓を囲み，リラックスしたムードの中でのディスカッションは，本音の「生の声」を聞くことができ，開発に役立つ情報が得られ，ときには驚きや発見もある．

その他，録音機材一式を用意している（図5.13）．

2. 運営方法

(1) パネル運営

まず，評価は誰がするのか，重要な課題であるが，当モニタールームでは一般ユーザーを対象にパネルを公募し，現在，首都圏を中心におよそ1,500名の男女が登録されている．ネットや新聞折込広告などで広く公募しており，20代〜40代を中心とし，10代や50代以上も含めた幅広い年齢層となっている．

パネルへの申し込みの際に，コンビニの利用頻度，スーパーの利用頻度，食物の嗜好やアレルギーについてのアンケート調査を行い，その中から「コンビニを週3回以上使用する」「食物アレルギーがない」など，該当商品の調査ニーズに合った人のみをパネルとして登録している．

官能評価を実施するに当たって，登録者の中から実施商品に合致した性別，年齢層の人に，事前に「試食メニュー」を知らせ，そのメニューを「普段食べる人」のみに参加を要請している．また，悪い意味での「パネル慣れ」を防ぐため，参加回数を制限している．

また，ものによっては，地域別商品開発が必要となる場合がある．例えば「そばつゆ」のように，地域によって好まれるつゆの色や味の濃さ，だし感などが異なるような商品を評価する場合は，実際に（商品を）販売する地域のパネルを使っての評価が必要になる．その対応策として，北海道・東北・中部・関西・中四国・九州の6地区において官能評価が運営できる体制を整えている．

さらに，各地方のコンビニ商品やチェーンストア商品の市場調査を行うために，北海道から沖縄まで，日本全国の主要39拠点に専属契約の調査員を配置している．

(2) 評価・調査の内容

官能評価において，主に新規品と現行品との比較テスト，現行品とその競合品との比較テスト，単品の評価は，新商品の開発や市場導入において不可欠なプロセスとなっている．信憑性の高いデータを得るべく，様々な官能評価方法の中からニーズに合った手法を使い，評価を行っている．そして，得られたデータをもとに分析を行い，迅速かつ精度の高いリポートで依頼者のニーズに応えている．特に，毎週のように新商品が大量に発売されるコンビニの中食商品については，開発のスピードも求められており，迅速な結果報告は重要な要素の1つとなっている．

今までに評価した主な(扱い)商品種目は，弁当，おにぎり，調理パン，調理麺，惣菜，サラダなどをはじめ，デザート，ベーカリー，ファストフード，飲料，菓子，ソースなどの調味料，などである．

なお，試食による味，食感などの評価だけでなく，パッケージデザイン，包装形態，コンセプト，キャッチコピー，ネーミングなど，様々な用途や目的に応じた評価も行っている．

(3) 調査票

調査票作成に当たり，調査目的を明確にして，その目的が達成されるように，依頼者と十分な打ち合わせをする．

また，評価用語や記入の方法などを検討し，できるだけパネルに見やすく，理解しやすい調査票を作成するよう心がけている．

(4) 評　価

官能評価室に集まったパネルに対して，インストラクターが，調査全般の注意事項，調査票の記入方法，試食の仕方，試食順序などを説明する．

比較評価では，2種あるいは数種類の試料を食べ比べるため，一口味わうごとに，必ず水で口内をすすぐことを徹底している．また，試食の「順序効果」を避けるため，パネルの半数ずつ，食べる順序を変えて評価をしてもらうようにしている．

また，試料温度に差があると味や食感に変化が出るので，商品の保管温度

や提供温度を厳守し，全員が同じ条件で評価できるように，電子レンジによる温めるタイミングや配膳のタイミングにも配慮している．

評価中は，室内を見回りながらパネルをサポートして，間違いのないスムーズな進行を心がけている．

すべての評価が終了したら調査票を回収して，記入漏れがないかどうかなどをチェックする．

(5) 集計・速報

回収した調査票は即入力・集計する．特に，重要度の高い評価項目，早急に必要な評価項目をピックアップして速報を作成し，実査当日に依頼者にメールにて報告する．

(6) 報告書

一般的には，実査日から3～4日後に正式な報告書を作成・提出している．その形式は評価目的により異なるが，全評価項目の結果，グラフ，クロス集計，その他商品に対するフリーコメント，グループインタビュー発言の記録などで，これらを取りまとめ，評価担当者のコメントと合わせ，報告書一式として提出する．

(7) 官能評価の調査票，報告書例

帳票は評価内容により異なるが，1例として「幕の内弁当」についての官能評価の帳票例，およびそれに付随する市場調査に関する報告書例を図5.14に紹介する．

また，商品開発の参考になるような他社の商品情報や，地域限定の商品についても全国の拠点に配置した調査員により入手し，報告書としている（図5.15）．

各拠点の調査員は店舗にて実際に購入したり，売り場の様子を観察する．画像データのほか，必要があれば重量（全重量・構成具材の重量）や容器などのデータも報告する．

[事例2] コンビニ商品の開発と官能評価

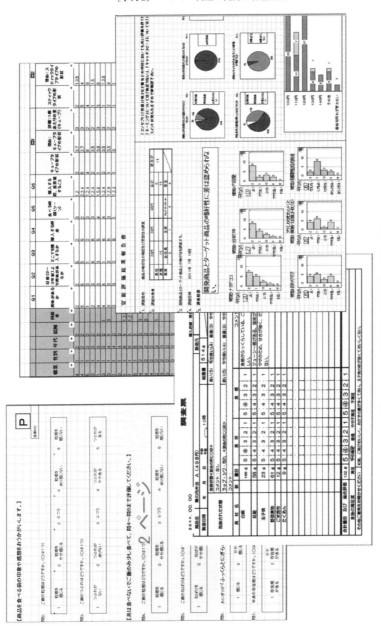

図5.14 官能評価の調査票, 報告書例

158　第5章　事例―商品開発と官能評価―

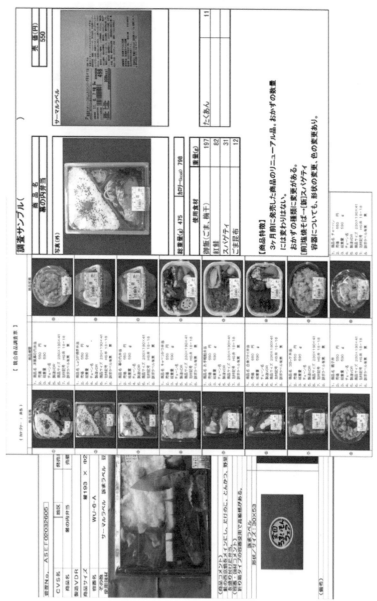

図5.15　商品情報報告書

[事例2] コンビニ商品の開発と官能評価

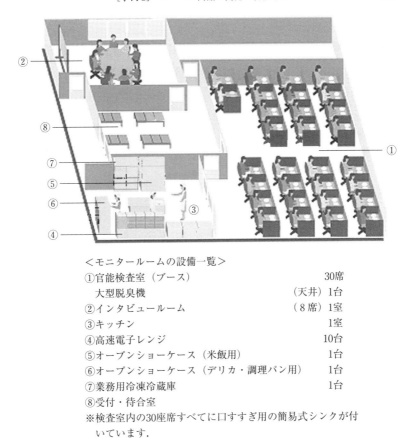

＜モニタールームの設備一覧＞
① 官能検査室（ブース）　　　　　　　　　30席
　　大型脱臭機　　　　　　　　　　（天井）1台
② インタビュールーム　　　　　　　（8席）1室
③ キッチン　　　　　　　　　　　　　　　1室
④ 高速電子レンジ　　　　　　　　　　　　10台
⑤ オープンショーケース（米飯用）　　　　1台
⑥ オープンショーケース（デリカ・調理パン用）　1台
⑦ 業務用冷凍冷蔵庫　　　　　　　　　　　1台
⑧ 受付・待合室
※検査室内の30座席すべてに口すすぎ用の簡易式シンクが付いています．

図 5.16　田町モニタールーム概要

　以上，弊社の官能評価体制および事例を紹介させていただいた．
　「田町モニタールーム」（図 5.16）を開設し，官能評価の体制を整備するに当たっては，さまざまな文献や資料，データを参考とした．さらに，「田町モニタールーム」開設から現在までに実施してきた 8,000 商品以上の官能評価の実施経験そのものがノウハウであり，現在においても，評価手法や報告書の改良など日々検討を重ねている．
　官能評価を実施しようと考えている方にとって，この内容がお役に立てば幸いである．

（岡村一八）

［事例 3］ ビールのおいしさ「のどごし感」 測定方法の開発と官能評価

1. 「のどごし感」とは

「のどごし感」はビール，発泡酒，新ジャンル等(以下，ビール類)の酒類，あるいはうどん等の麺類を飲食する際の重要な評価項目とされている．その一方で，「のどごし感」は，『広辞苑』において「飲食物が咽喉を通る時の感覚」と定義されているものの，学術研究，測定方法についての報告はほとんどない[1,2]．さらに「のどごし感」は，ドイツ語等の外国語に対応する言葉はなく，日本人固有の感覚とも言える．

ビール類において，一般のお客様に対して，「のどごし感」の評点をつけてもらった場合，自分の好きな銘柄について「のどごし感」を高く評価する傾向があり，ビール類の嗜好性に高く相関する評価項目であることが報告されている[3]．しかしながら，銘柄を明らかにしないで評価してもらった場合，特定の銘柄で低い評価が出ることがあり，のどを通る時の感覚を客観的に判断していることが示されている．

我々は「のどごし感」が良いという状態について，キリンビール商品開発研究所のメンバーとディスカッションを繰り返し行った．その結果，飲料がのどをすっと通る，のどに刺激がある等，種々の仮説が考えられる中，ゴクゴク飲める飲みやすい状態を，本検討においては「のどごし感」が良いと仮定し，咽頭部の表面筋電図を周波数解析する手法により，簡便に，客観的にビール類等の飲料の「のどごし感」を測定する方法を開発した．

2. 咽頭部表面筋電図周波数解析を用いた「のどごし感」測定方法の概要

筋電図は，筋肉の動きに伴い変化する電位を測定するものであり，古くか

ら筋肉の動くタイミング，量を測定するものとして使用されてきた．表面筋電図は，筋肉に直接電極を刺すものではなく，筋肉の上の皮膚表面に円形電極を貼り付け，近傍の筋肉全体の動きを捉えるもので，被測定者に対する負担はほとんどなく，自然な状態で筋肉の動きを捉えることができる．筋電図について，一般的な測定においては数 Hz から数 kHz の周波数成分で構成されている．筋電図の周波数解析についての生理的な意義についてはよく理解されていないが，これまでに筋肉疲労時に 10Hz 以下の低周波の成分が増加することが知られている．我々は「のどごし感」が良い飲料と「のどごし感」が悪い飲料を飲んだ際の比較により，「のどごし感」と表面筋電図周波数成分との関係について検討を行った．

　「のどごし感」が良い飲料としては，一般に飲みやすいといわれているクエン酸水，炭酸水，冷水を用いた．まず，クエン酸水と水の比較を行ったところ，クエン酸水において，総スペクトル面積の上昇が見られるとともに，低周波成分の相対的な低下が観察された．次に，炭酸水の効果について対象の水と比較したところ，クエン酸で見られた効果と同様に，総スペクトル面積の上昇と，低周波成分の相対的な低下が認められた．また，冷水（11℃ の水）についても，23℃ の室温水と比較したところ，総スペクトル面積においては有意な差は見られないものの，低周波成分が低下することを見出した．

　一方，「のどごし感」が悪い飲料として，硬水について，軟水と比較して検討を行ったところ，総スペクトル面積は上昇するとともに，低周波成分の増加が見出された[4]．

　これら一連の検討より，「のどごし感」が良い場合は，低周波成分の低下と高周波成分の増加が見られ，「のどごし感」が悪い場合は，逆の結果が見られるという現象を見出した．筋電図の低周波比の上昇と高周波比の低下は，肉体疲労時に見られる特徴であり，疲労に伴う指標が「のどごし感」が良い場合に低下し，「のどごし感」が悪い場合には増加することは合目的と思われる．

　以下に，実際に本手法を用いて，銘柄を表示しない場合，官能評価において「のどごし感」が悪いと既に評価されていたビール類 A 銘柄について，B銘柄との比較を行った検討結果について述べる．

3. ビール類A銘柄,およびB銘柄の比較検討例について

(1) 筋電図測定の準備と電極の装着

筋電計はPersonal-EMG(追坂電子機器(広島県深安郡))を用いた.なお,周波数をカットするフィルター機能は使用しない.付属の解析ソフトによりノートパソコンに時系列データとして取り込むものである.一連の構成を図5.17に示す.電極は湿式センサー(Ambu Blue Sensor M(デンマーク))を用いた.電極を貼り付ける肘とあごの下の部分をアルコールで拭き,不関電極を被験者の肘部分にとりつける.咽頭部のオトガイ下舌骨筋部分(のどぼとけの左右いずれの部位でもよい)に,ペアで1cm程度離して筋肉に沿って貼る(図5.18).咽頭部の他の部分においても測定することができるが,より安定して測定できるのはオトガイ下舌骨筋部分である.なお,上記電極について,開封後は劣化する(粘着力の低下,および電極についている電解質が乾燥する)ため,数日経過したのみであっても,ノイズの高い被験者では使用できなくなることに注意する.また,電極と皮膚との接触が悪いときは,ノイズが入りやすくなる.

(2) 被験者の飲料摂取と筋電図の記録測定

本測定法においては,電極の位置を変更すると全くデータが異なる.ま

図5.17 「のどごし」測定装置
筋電計と解析用パソコンで構成されている.

[事例3] ビールのおいしさ「のどごし感」測定方法の開発と官能評価   163

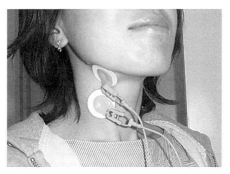

図 5.18　電極貼り付け位置

た，順序効果があることがわかっている．（後で摂取したサンプルには低周波比が高くなる傾向がある．）したがって，1回電極を装着した際に，比較するサンプルのすべてを測定する必要がある．また，別の日に別の順序で測定するなど，順序効果が出ないよう提示順のバランスを取って測定する必要がある．

被験者へは，摂取してもらう量をあらかじめ一定とした上で（本検討においては 40ml とした），飲み込む回数等を意識してもらわずに，通常の飲み方で飲んでもらうようにした．また，同一の被験者であっても，いつも全く同じように飲むわけではないので，各被験者でそれぞれのサンプルについて 4回（2日に分けて2回ずつ）飲んでもらい，平均した値を各サンプルの個人の値とした．

さらに，飲み込む際ののどの動き以外を捉えないために，飲み込んだ後に声を出さないことと，飲み終わった後にはのどを動かさない旨をあらかじめ伝えておいた．また，被験者に対して5段階で官能評価により「のどごし感」の評点をつけてもらった．点数が高いほど，「のどごし感」の評価は高い．

本検討においては 12 名の被験者で検討を行ったが，微妙な差を捉える場合は 20 名以上の被験者で測定を行っている．

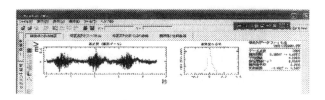

図 5.19 解析ソフトに取り込んだ表面筋電図
3 回のどを動かしていることが示されている．
横軸が時間（秒），縦軸が電位である．

(3) 筋電図の周波数解析

時系列データについては，CSV ファイルに変換後，周波数解析ソフト MemCalc/Win（株式会社ジー・エム・エス（東京））を用いて解析を行った．図 5.19 にソフトウエアに取り込んだ時系列データの結果を示す．解析について，一括解析で行ってもよいし，のどの動いていない部分についてはほとんど周波数解析の計算値に影響を与えないため，のどの動いている部分を広く取り，セグメント解析（0.5 秒ごとに区切る解析）を実施してもよい。ただし，いずれかの計算方法に統一する．

「スペクトルの条件」のウインドウで，「区分パワー」の計算を選択し，0.2〜5Hz，5〜10Hz，10〜100Hz，100〜1,500Hz の各周波数帯を設定して計算を行う．なお，上限を 1,500Hz 以下としたのは，筋電計のサンプリング周波数が 3,000Hz であることによる．

計算の結果，各周波数帯の面積（μs^2）が算出される．算出された値について，低周波帯のスペクトル面積を 0.2Hz 以上 10Hz 以下，高周波帯のスペクトル面積を 100Hz 以上 1,500Hz 以下，総スペクトル面積を 0.2Hz 以上 1,500Hz 以下の面積とした．さらに，低周波比は低周波帯スペクトル帯面積を総スペクトル面積で割った値として，高周波比は高周波帯スペクトル面積を総スペクトル面積で割った値として算出した．

本手法を用いて，銘柄を表示しない場合，官能評価において「のどごし感」が悪いと既に評価されていたビール類 A 銘柄について，B 銘柄との比較を行った．図 5.20 にスペクトル帯ごとの面積を示した結果を，図 5.21 に低周波比，高周波比の結果を，図 5.22 に官能評価の結果を示した．検定は

[事例3] ビールのおいしさ「のどごし感」測定方法の開発と官能評価

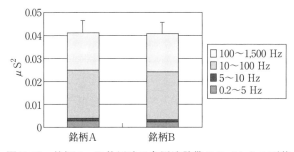

図5.20 銘柄A, B飲用時の各周波数帯のスペクトル面積

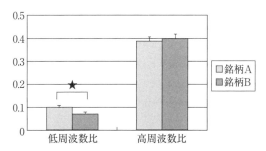

図5.21 銘柄A, B飲用時の低周波比, 高周波比
★：$p<0.05$

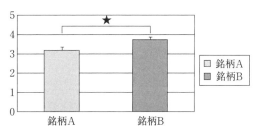

図5.22 銘柄A, B飲用時の「のどごし感」の官能評価
★：$p<0.05$

対応のあるt-検定を行った.

　総スペクトル面積，および各スペクトル帯の面積については有意な差はないものの，銘柄Aにおいて低周波比は有意に低下する一方，高周波比の上昇傾向が示されており，官能評価と合致する結果が示された.

ビール類を飲む際ののどの動きを客観的に，かつ簡便に測定する方法を開発した．本手法により，官能評価に拠らない，ビール類の「のどごし感」を評価することが可能となった．なお，本手法開発時に比較した，酸，炭酸，冷却効果については，脳卒中等により嚥下困難になった患者さんに対する，誤嚥防止のための刺激方法であり，スペクトル面積全体は増加していることから刺激は高まるものの低周波比は増えておらず，合目的と言える．

一方，塩味については，本手法により，スペクトル面積全体が増加しているものの低周波比が増加することが示されており，塩味が嚥下促進剤として使用されていないことは理にかなっていると言える．

本手法については，今後，誤嚥防止機能を高めた飲料開発等に利用されることも期待している．

参 考 文 献

1) 真貝富夫：日本味と匂い学会誌，**6**, 33-40 (1999)
2) Kojima Hidetoshi, et al.：J. ASBC, **67**(4), 217-221 (2008)
3) 横向慶子，他：日本味と匂い学会誌，**6**, 333-336 (1999)
4) Miura Yutaka, et al.：Chem. Senses. May, **34**(4), 325-331 (2009)

（三浦　裕）

［事例 4］ ロングライフ商品[注1]・うま味調味料「味の素」の開発

　商品名を冠にする味の素株式会社(以下，味の素(株)) は，2009 年に創業100 周年を迎えた．「味の素®」は，日本人が発見した「うま味」によって，この 100 年間にマーケットを世界中に広げ，現在では 100 カ国以上の国々で使用されている．そして今もなお，年数%の売り上げを伸ばしている極めて偉大な商品へと成長した．このように「味の素®」がグローバルな商品に育成する過程において，現在でも通用する商品開発に必要な諸要件が，あらゆる観点で網羅されていた．その結果，味の素(株)は現在，総合食品メーカーとして多角化経営および食品分野を越えた，アミノ酸・医薬分野への進出などの事業拡大を行っているが，その原点はいずれも「味の素®」にある．しかし，ここまでくるには何度も立ちはだかる大きな壁と真摯に向き合い，世界に誇れる技術を生み出すためのたゆまぬ努力と工夫・智慧があったといえよう．そこで今回，「味の素®」の生まれ育った歴史を振り返り，ロングライフ商品の要件を整理することとした．今後の商品開発の一助になれば，と思う．

1. 「味の素」誕生

　「おいしいものを食べたい」――これは私達人間の飽くなき欲求である．東京帝国大学(現東京大学)教授・池田菊苗博士は「湯豆腐はなぜおいしいのか」に目をつけ，その正体を解明する研究に着手する．夫人が買ってきた一束のだし用昆布から「おいしさ」に関与する成分を追求し，それがアミノ酸の 1 種であるグルタミン酸であることを発見した．この独特な味は，4 味(甘味・酸味・塩味・苦味)とは異なる独立した味で，「うまさがある味」であることから「うま味」と名付け，特許出願[1](1907 年)の後，東京化学会誌[2](1908 年)に報告している．

池田がこの一連の研究を進めるに当たって，グルタミン酸を単離するに至るまでには非常に困難を極めた．研究を中断して数カ月が経ったとき，池田は三宅秀博士(旧東京帝国大学医学部教授)の「佳味は食物の消化を促進する」という学説を記している雑誌を目にした（「東洋学芸雑誌講演議事録」）．池田はその文章に触発され，「うま味」によって，貧弱だった日本人の食生活や栄養状況の改善に貢献できるのではないかと考えた．

その当時，体格向上への取り組みは国策の一環で，脚気対策や工場給食改善など公衆栄養活動なども行われている．日本国を良くし，欧米諸国に追いつかなければという意気込みは，明治時代の日本人に共通の心情であった．池田は研究を再開し，グルタミン酸を調味料として工業化することにより，安価で使いやすい調味料として国民に行き渡らせることを考えた．調味料として工業化するには，水に溶けることが必須であった．しかし，グルタミン酸単体では水に溶けることができず，また酸味が強く，うま味を感じない．池田は昆布から抽出しただしを濃縮，中和してグルタミン酸ナトリウム(以下，MSGと略す)を得ればよいという結論に達した．しかしながら，昆布から抽出していたのでは高くついて安価には作れないことから，タンパク質(小麦)を酸で分解し，取り出したグルタミン酸を中和してナトリウム塩とする方法を考え出し，上記の特許申請となった．

この池田の技術が後に，最初に事業化した際の抽出法のベースとなった．その一方で，この技術を工業化して一般に供給できるように，特許取得前から実業家たちに事業化の話を持ちかけていた．そして，すでにヨード事業家として実績のあった鈴木三郎助に出会い，事業化するに至ったのである(1908年)．池田と三郎助の出会いは，今で言うところの「産学連携」の先駆けといえるであろう．

注1　一般に「ロングライフ商品」といえば食品の場合，加工技術により従来商品より賞味期限・保存期間を長くしたもの，あるいは非常食のように長期保存可能な商品がこの分野に分類されている．片や，「長期にわたって好調な販売を持続している商品」(ロングセラー商品と同意語)ともいわれる．「味の素」の場合，100年以上も店頭に並ぶという息の長い「ロングセラー商品」であるとともに，まさに「long life」(長生き，長寿)と言う名にふさわしい商品であるので，タイトルに「ロングライフ商品」と称したことを付記する．　(文責：古川秀子)

2. 販売促進活動

三郎助は,「味の素®」を実際に購入するターゲットを一般家庭の主婦と想定した. そのために, 販売ルート構築に関しては特約店に任せるだけでなく, 自ら末端小売店まで売り込みを図った. うま味を付与する「味の素®」というこれまでにない調味料だけに, 販売促進, とくに広告宣伝活動を活発に行い, 消費者に直接, この調味料の使い方を説明した. このような手法は, 味の素(株)において現在も引き継がれている. 例えば, 全国5拠点にある味の素(株)支社に広報担当者を配置し, 各エリアのオピニオンリーダーと連携し, 商品の普及活動を実施している. 最近では国内の工場見学者に, 味噌湯を用いて「味の素®」を振っていただき, 試飲する実体験を企画・実施しており, 好評を博している.

話は戻るが, 三郎助は先の販売促進のほかに, 安価でユニークな効果の出る宣伝方法を模索した. 例えば, 鐘や太鼓などを叩いて街頭宣伝するチンドン屋として全国を精力的に歩き回ったり,「地上スタンプ」での広告宣伝も実施した. これは, 直径70cmほどの信玄袋を道路の上に置くと, 袋の底に開けた穴から袋に詰めた石灰がこぼれ, 白い文字が地上に記される仕組みのものである. 袋を地上に降ろすたびに「ダシノ・オヤ玉・アヂノモト」という文字が残る. 実用新案特許を取得したこのアイデアは好評で, 真似をするものが多くなり, 結局, 東京市(当時)から「道路を汚す」という理由により禁止されてしまう. しかし, この宣伝方法は大きな効果をもたらす結果となった.

「味の素®」がロングライフ商品として現在に至った力は, 100年前に始まった販売促進活動が, 時代とともに消費者に発信し続けたことも一因であったと考える.

3. MSG 製造方法の変遷

3.1 発売当初の製法について

鈴木三郎助は MSG を工業化するに当たって，原料は池田が提案した小麦のたんぱく質とした．池田の助手・栗原喜賢の指導を受けながら，実験室にて約 2 カ月後にようやく MSG ができあがった．

一方，逗子工場で製造を始めるに当たっては，もう 1 つ克服すべき難題があった．それは，小麦から抽出したたんぱく質を分解するのに使用する塩酸に耐えうる容器である．前例のない工程であるため，世界のどこを見ても参考にできる技術はなく，四方八方手を尽くした末，愛知県常滑町で作られている常滑焼の道明寺甕と出会った．粘土製の大ぶりの手作り甕で，値段も安い．加熱には炎が立たないコークスを使用して，甕の劣化を防ぐ工夫も取り入れた．そして 1909 年 3 月，初めて工場から MSG を生み出したのである．

3.2 発酵法導入経緯

味の素(株)が MSG の製造を続けられた要因の 1 つは，世界に先駆けて抽出法による MSG 製造法の工業化に成功し，そのノウハウを確立してきたことである．戦後も，MSG は順調に販売量を伸ばしていったが，同時に抽出法の技術面での問題が持ちあがってきた．その問題点とは，第一に，原料が小麦粉，脱脂大豆などの農産物であったため，コスト変動を招く原因となったこと．第二に，それらの原料の大半を輸入に依存しており，原料供給の不安定さに加え，原料コストの切り下げが難しいという問題が生じていた．第三に，強酸を使用することによって設備の劣化が早かったうえに，現場の労働環境が問題となった．第四に，全工程の連続化やオートメーション化が困難であった．第五に，副産物のでんぷん，アミノ酸液などの売れ行きが，市場の需給関係に左右されたことである．これらの問題を解決するために，1940 年代後半から，抽出法に代わる新たな MSG 製造法の検討を模索し，その結

果，微生物発酵による二段階発酵法と合成法の2方向での検討を開始した．

このような状況の中，1956年9月，K社は直接発酵法によるMSGの生産・販売開始を発表した．直接発酵法は，抽出法に比べ原料費は2割以上安く，設備投資額は1/10．操業要員も少人数で済むうえ，副産物もほとんど出ない．味の素(株)は同時期に，明らかに効率で劣る二段階発酵方式の開発を行っていた．また，合成法もまだ研究途上にあり，K社に太刀打ちできるレベルではなかった．

K社の参入発表は，味の素(株)にとって事業の根幹を揺るがす事態であり，経営も技術的にも，なぜK社に遅れをとったのかとショックを受けたものの，技術面での追い上げが必須であると判断し，2カ月後の1956年12月，川崎工場内に中央研究所(所員100名)を設置した．川崎工場内で実施していた研究開発を強化するため，研究のみに専念する組織を作る必要性が認識されたのである．ここでは，K社が発表した直接発酵法と二段階発酵法両者の技術について比較検討を行い，1957年春には直接発酵法の研究に絞って行うこと，また味の素(株)が技術的優位性を保つために，合成法での研究も同時に実施することを決定した．その結果，有力なグルタミン酸生産菌を発見し，パイロットプラントを設置した(1958年)．

さらに，合成法についても開発を加速させた．1959年末，川崎工場に合成法のパイロットプラントを完成．1963年5月には，合成法でのMSG製造の東海工場(四日市市)竣工式を迎えた．この合成法によるMSG製造技術は，1964年に日本化学会化学技術賞を，1965年に大河内記念生産賞を受賞したほどの，世界初の画期的な新技術であった．1962〜1973年にはこの方法でMSGの生産が一部行われていたが，1970年前半のオイルショック(原油の供給減少と価格高騰，それに伴う経済混乱)により，原料コストが大幅に上昇した．また，公害問題等で合成法に対しての風当たりが強まり，合成法そのものが“人工的”なイメージとの風評が立った．これらのことを踏まえて合成法による製造を中止し，すべて発酵法での生産とした．しかしながらこの合成法の技術は，その後の甘味料(「パルスィート®」)・化成品(「Jino®」)の開発において重要な技術として受け継がれている．また発酵法への転換は，中央研究所の研究内容に新たな厚みを加えると同時に，海外現

地生産への道を開くことを可能とした.

4. MSG の安全性問題と安全性評価技術の確立

1969 年 10 月 23 日,当時ニクソン大統領の栄養問題担当顧問であったメイヤー博士は,ベビーフードには MSG を使用しないよう発表した.この内容は,1969 年 7 月にオルニー博士がアメリカ上院の栄養・食品委員会で行った証言を採用したものであった.本件は,日本の新聞で報道され,消費者に大きな衝撃と不安を与えた.アメリカのベビーフードメーカーは自主的に MSG の添加を中止し,日本のメーカーもそれにならった.この情報は,日本だけでなく他の国々へも波及した.当時は消費者運動が活発で,日本では公害問題もあって,企業批判の風潮が強まっていた.また,カネミ油症事件(PCB の混入)や人口甘味料・チクロの発ガン性による使用中止など,食品関連の問題が連続していたのも不運で,見当違いではあっても,科学者による安全性への疑義は,MSG への信頼を傷つける形となった.

一方,味の素(株)は MSG 安全性問題を企業存亡に関わる問題として深刻に受け止め,同業他社とともに MSG の安全性の研究を権威ある外部機関に依頼した.そして,さらなる安全性の科学的立証に向けて徹底的に実験を重ねた.

これらの問題に対して,中央研究所でも独自に実験を開始し,1970 年 4 月には生物科学研究部で,MSG の安全性研究に集中的に取り組み始めた.1973 年 3 月,本社製品評価室を新設し,安全性をはじめとする品質評価体制を整備した.安全性研究は,オルニー博士のすべての論文内容の追試を実施してデータの真偽を確認することから始め,安全性実験に必要なノウハウを蓄積しつつ研究を進めた結果,食品に添加して使用する場合,MSG は安全であることを科学的に証明した.1987 年,JECFA(国連機関)は「MSGは,人の健康を害することはないので,1 日の許容摂取量を特定しない」との最終結論を公表し,世界に認められるに至った.最終結論が出されるまでの間,投入された多大な時間と労力,経費は,味の素(株)における安全性試験や品質保証などの技術体制を一層強化する役割を果たし,さらには医薬用

[事例4] ロングライフ商品・うま味調味料「味の素」の開発　　　**173**

アミノ酸・医薬品事業へ参入する基盤ともなった.

5. 「うま味」の味覚研究

　池田博士の「うま味」発見以来，それ以外の「うま味」物質に関心が持たれるようになる．その結果，かつお節のうま味成分がイノシン酸ナトリウム(以下，IN)[3]であること(1913年)，シイタケのうま味成分がグアニル酸ナトリウム(以下，GN)[4]であることが発見された(1960年)．同じ頃，国中明氏は「ヌクレオチド類とL-グルタミン酸ナトリウムの間に顕著な特異的相乗作用がある」と報告している[4](1960年)．これが，いわゆる「うま味」の相乗効果である.

　さて，この「うま味」の相乗効果が報告された数年前の1956年，本社(東京)に日本初の官能検査室を付設した食品研究室が設立された．この食品研究室では，MSGはじめ大豆油・でんぷん―いずれもMSG製造時の副産物を利用した商品―などの利用についての研究がなされた．官能検査室では，正常かつ鋭敏な味覚を持つパネル約70名を選定し，組織的に運用できる体制を整えた．そこではまず，MSGの閾値，弁別閾，加工食品(かまぼこ，佃煮，缶詰など)への適正使用量などを測定し，MSGの基礎的な味覚特性についての研究を行った．その矢先，前記の「相乗効果の発見」という驚異の事実が報告されたことで，その現象を味覚的に追求する研究を開始した．当時，非常に高価であったINを使用するということで，無駄の許されない慎重な研究を強いられた.

　主な内容は，①MSG，INの閾値測定，②食塩＋MSG溶液におけるINの最小有効量など，相乗効果に関する基本的なデータを定性的に確認し，MSG存在下における微量のIN添加による効果を報告[5]した(1960年)．また，MSGとIN混合溶液のうま味の強さを測定し，相乗効果を定量的に数式化した[6,7](1967年, 1968年)．この式を利用することにより，うま味の強さと原料(MSGとIN)コストのバランスのとれた配合比を決め，「うま味だし・ハイミー®」の商品化(1962年)に寄与した.

　その後，うま味の研究は味覚心理学(官能評価)のみならず，神経生理学，

味覚の電気生理学，栄養学，食品化学，調理科学など，幅広い研究分野における世界の研究者とともに「うま味」に関する研究活動を展開し，「うま味」が１つの独立した味であることの解明に成功した．日本の食文化の中で発見された「うま味」は，今や世界の「umami」としての成長を成し遂げたのである．

6. 味の素(株)創業 100 年を迎えて

今回「味の素®」の歴史を振り返る機会を得て，改めてこの商品の力を認識した．100 年の間に技術開発，生産技術，販売促進，安全性，有用性等さまざまな切り口からの課題に立ち向かい，乗り越えてきた力がロングライフ商品として存在しうる要件であったと考える．こうした商品を 100 年も前に生み出した味の素(株)の原点を再確認し，将来への夢や誇りを醸成し，今後 100 年の礎としたい．

味の素(株)は，21 世紀の人類が抱える３つの重要課題，「地球持続性」「食資源の確保」「健康な生活」に事業を通じて挑戦していくことを発表した．102 年前，「おいしさを通じて日本国民の栄養を改善したい」という池田の想いから始まった事業は，「うま味」を出発点に，「食品」「アミノ酸」「健康・医薬」分野へと広がった．

味の素(株)は，事業を続けていく中で，原料(サトウキビ・キャッサバ等)を大切にし，その恵みを人や自然の「いのち」へとつないでいく，循環型の生産モデルを作り上げてきたサトウキビやキャッサバなどの畑の恵みから作ったアミノ酸を，「味の素®」などの調味料だけでなく，アミノ酸製造工程でできる副生物も，栄養豊富な有機質の肥料や飼料にして，各地域の畑や魚の「いのち」を育んでいる．

こうして培われた生産モデルは，今では，世界に広がる多種多様な味の素(株)の事業の基本になっている．さらに，その生産に必要なエネルギーに，もみ殻などの地域の未利用バイオマスを活用する事例にも発展してきた．最近では，2009 年から主要製品の１つである「ほんだし®」の原料，カツオについての資源調査を始めた．

味の素(株)は，原材料調達から開発，生産，そして商品が消費されるまでのライフサイクル全体を見据え，今後も社会に貢献していきたいと考えている.

引 用 文 献

1) 池田菊苗：「グルタミン酸塩」を主要成分とせる調味料製造法(特許第14805号明細書)，明治41年4月24日
2) 池田菊苗：新調味料に就て，東京化学会誌　第30帙第8冊，東京化学会編発行，明治42年
3) 小玉新太郎：東京化学会誌，第34帙，1913年
4) 国中　明：農化誌，**34**，489 (1960)
5) 戸井文一，他：日本農芸化学会(関東支部大会) (1960)
6) S. Yamaguchi：J. Food Sci.，**32**，473-478(1967)
7) 山口静子：日本農芸化学会誌，**42**(6)，378-381 (1968)

参 考 文 献

龜高徳平：人生化学，丁未出版社，(1933(昭和8)年3月)
福田雅代(編)：桔梗——三宅秀とその周辺，1985年
味の素株式会社：「研究所50年史」"あしたのもと"を求めて，2006年
味の素株式会社(編・発行)：味の素グループの百年　新価値創造と開拓者精神，2009年

(津布久孝子)

［事例5］　分析型パネルの選定および 訓練の方法

1.　家畜改良センターの紹介

　独立行政法人家畜改良センター（以下，「センター」）は，「酪農および肉用牛生産の近代化を図るための基本方針」，「家畜改良増殖目標」など，畜産に関する国の政策目標を達成するための実施機関である．

　このため，家畜の育種改良の推進，畜産新技術を活用した育種手法の高度化・効率化，優良な飼料作物種苗の供給による自給飼料の生産拡大，種畜および飼料作物種苗の検査によるこれらの適切な流通，牛個体識別システムの運営，遺伝子組換え生物に係る検査の実施による国民の食の安全に対する信頼の確保等の業務を担い，わが国の畜産の発展と国民の豊かな食生活に貢献している．

2.　官能評価への取り組み

　食肉の品質評価には，主に流通段階での枝肉格付や理化学分析値が利用されてきた．一方，多様化する消費者ニーズに応じた食肉生産を進める上で，関係者の間で食肉のおいしさに対する関心が高まる中，食肉の官能評価については，食肉の多様性やその調理方法に起因する実施上の難しさ，知見の不足といったことが課題となっていた．そのため，センターでは，有識者による検討を踏まえ，食肉の官能評価を実施する上での基本的な考え方や進め方について，平成17年に「食肉の官能評価ガイドライン」としてとりまとめた．

　現在，センターでは，食肉の品質の客観的な評価手法を確立し，肉用牛，豚，鶏への育種改良への応用を目指して，食肉の官能評価に取り組んでいる．

[事例5] 分析型パネルの選定および訓練の方法　　　177

3. 分析型パネルの選定方法

センターでは，主に分析型パネル(以下，「パネル」) による分析型官能評価に取り組んでいる．パネルは一定の感度を持ち，試料間の差を識別できる能力を有していなければならない．そのためには，基本的な感度テスト(味覚，嗅覚など)や実際の試料(牛肉や豚肉など)を用いた識別テストでも感度のよさを発揮できるか検証するなど，いろいろな方法を取り入れ，総合的な判断によってパネルを選定することが大切である．また，通常識別能力を有していれば年齢や性別などは問われないため，センターでは基本的に職員を対象としてパネルを選定している．

パネルの選定方法はさまざまあるが，センターでは，食味を評価する上で必要と考えられる識別能力の判定試験を実施している．実施目的によって評価項目の設定は変化しており，選定方法もそれに沿った形で実施しているところである．現在は，下記①〜③(a)を行っており，これらのテストについて2回合格した者をパネルとして選定している(図5.23)．なお，センターにおけるパネルの合格率(過去2年間)は約41%である．また，パネルの年齢構成は20代〜50代であり，平均年齢は38.7歳である．

❶ **味覚テスト**(表5.2, 5.3)[1]

(a) 5味の識別テスト

方法：ランダムに並べた8個の溶液(5味および蒸留水3個)の中から，5味(甘味，塩味，酸味，苦味，うま味)を当てさせる(配偶法)[注1].

合格基準：5味中の誤数が1個以下もしくは2個(ただし，この場合は水の選択はなし)

(b) 4味の濃度差識別テスト

方法：4味(苦味を除く)を用いて，濃度の異なる2個の溶液を2種類(各8組，2セット)作製する．各セットについて，各味の強い方を選ばせる(2点識別法)[注2].

合格基準：8組中の誤数が2個以下

注1　t種の試料を2組作り，各組より同種の試料を1個ずつ組み合わせる方法[1].

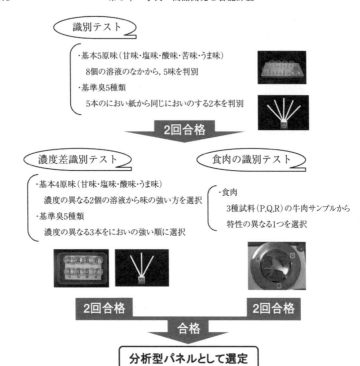

図 5.23　分析型パネル選定テストの流れ

表 5.2　5味の識別テスト用の試料濃度

味の種類	甘　味	塩　味	酸　味	苦　味	うま味
溶　質	ショ糖	食　塩	酒石酸	無水カフェイン	MSG*
濃度(g/100mL)	0.4	0.13	0.005	0.02	0.05

＊グルタミン酸ナトリウム　　　　　　　　　　　　　（古川(1994)より改変）

[事例 5] 分析型パネルの選定および訓練の方法 **179**

表 5.3 味の濃度差識別テスト用の試料濃度

味の種類	溶 質	1 回目			2 回目		
		S(g/100mL)	X_1(g/100mL)	濃度比 X_1/S	S(g/100mL)	X_2(g/100mL)	濃度比 X_2/S
甘 味	ショ糖	5.00	5.50	1.10	5.00	5.25	1.05
塩 味	食 塩	1.00	1.06	1.06	1.00	1.03	1.03
酸 味	酒石酸	0.02	0.024	1.20	0.02	0.022	1.10
うま味	MSG*	0.20	0.266	1.33	0.20	0.242	1.21

*グルタミン酸ナトリウム

❷ **嗅覚テスト**[2]（基準臭 5 種類）

(a) におい識別テスト

方　法：1 種類ごとに試験紙 5 枚を用意する．基準臭液（2 枚）と無臭流動パラフィン（3 枚）を浸した試験紙から，においを感じた 2 枚を選ばせる（2 対 5 点試験法）[注3]．これを基準臭 5 種類について，それぞれ行う．

合格基準：5 基準臭すべてについて正解

(b) においの濃度差識別テスト

方　法：1 種類ごとに試験紙 3 枚を用意する．異なる濃度 2 種類の基準臭液（2 枚）と無臭流動パラフィン（1 枚）を浸した試験紙から，においの強い順に選ばせる（順位法）[注4]．これを基準臭 5 種類について，それぞれ行う．

合格基準：5 基準臭中の誤数が 1 個以下

❸ **食肉の識別テスト**

(a) 3 点試験法[注5] を用いたテスト

方　法：特性の異なる（品種，脂肪量等）2 種類の食肉試料を用いて，特性の違いを識別させる．試料は，165℃ のオーブンで内部温度が 70℃

注2　2 種類の試料 A と B があり，試料に差があるかなどを判定する方法[3]．
注3　同じ試料(A)2 点とそれとは異なる試料(B)を 3 点，5 点から A に属する 2 点を選択する方法．
注4　3 種類以上のサンプルを提示し，刺激の大小などに関して順位をつけさせる．同順位を許す場合と許さない場合があるが，通常は許さない場合が多い[3]．
注5　2 種類のサンプル A と B を識別するのに，A を 2 つと B を 1 つ(A, A, B)または A を 1 つと B を 2 つ(A, B, B)のそれぞれ合計 3 つのサンプルを提示し，その中から異なると感じた 1 つのサンプルを選ばせる方法[3]．

になるまで加熱する(以下,「ロースト法」という.詳細については後述).試料の提示は,肉色の差による評価への影響を少なくするため,赤色灯下で行っている.

合格基準:異なるサンプルを選択した場合

(b) 1:2 点試験法[注6](採点法[注7] 併用)を用いたテスト

方　法:かたさの異なる(剪断力価など)食肉試料(モモ肉とロース肉など)を用いて,食肉のかたさの程度の違いを適切に判断できるか判定させる(例:No. 1 モモ,No. 2 ロース,No. 3 モモ).試料はロースト法で調製し,赤色灯下で提示する.はじめに,No. 1(基準試料)のかたさを評価させる(1:非常にかたい,2:かたい,3:ややかたい,4:ふつう,5:やややわらかい,6:やわらかい,7:非常にやわらかい).次に,No. 2,No. 3 のうち,No. 1 と異なる試料を選択させ,No. 1 と比較したかたさの程度を評価させる(−3:非常にかたい,−2:かたい,−1:ややかたい,0:おなじ,+1:やややわらかい,+2:やわらかい,+3:非常にやわらかい).

合格基準:異なる試料を選択し,No. 1 のかたさ評価と比較した評価が適切(例:かたさ評価「3:ややかたい」,選択試料「No. 2」,比較評価「+1:やややわらかい」)

4. 分析型パネルの訓練方法およびその効果

(1) パネル訓練の意義と効果

分析型官能評価では,実験の目的に応じた訓練を行うことによりパネルの識別能力を向上させ,バラツキを小さくすることによってより精度の高い結果を得ることが重要である.

パネルの能力としては,一般的な感度の良さ(識別能力),再現性の良さ

注6　2種類のサンプルAとBを識別するのに,一方を標準品として与え,その特徴を記憶させた後,さらにAとBを同時に提示し,標準品と同じと感じた方を選ばせる[4].

注7　提示された1種類以上のサンプルについて,パネル自身の経験を通して,その品質特性や好みの程度を点数によって評価する方法[3].

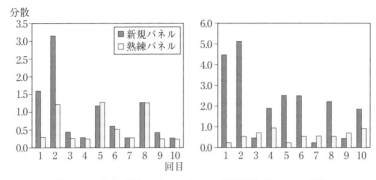

図 5.24 牛肉試料を用いたときの評価平均値からの分散
(左:牛肉のやわらかさ,右:牛肉の甘い香り,パネル:3~6人)

(判断の安定性),パネルの判断が一致しているかどうか(判断の妥当性)や,的確な特性を表現する能力などが挙げられる.これらを向上させるために,パネルに対して訓練を行う必要がある.また,差の識別だけでなく,差の程度を測定する場合には,パネルが共通の評価尺度や評価用語を有することが不可欠である.

センターでは,選定されたパネルに対して,食肉試料などを用いた訓練を行っている.新しく選定された新規パネルと経験が豊かな熟練パネルに対して,牛肉試料を用いた訓練を行ったところ,新規パネルは評価平均値からの分散が大きく,熟練パネルでは分散が小さい傾向が見られた(図 5.24).また,新規パネルは訓練回数を経るごとに,訓練を始めたときは大きかった分散が,小さくなる傾向も見られた.さらに,数回の訓練によって熟練パネルと同程度の分散となった評価項目(ここでは「牛肉のやわらかさ」)も見られた.このように,パネルに対する訓練を行うことによって,性別,年齢,生活環境や好みなど多岐にわたり,異なる個人が分析型パネルとして同一試料に対する評価の尺度(ものさし)や用語(ことば)を共有できる基準作りが可能となる.

(2) 実施方法

パネルに対する訓練では,できる限り実際の評価で使用される試料や手法を用いることが望ましいと考えられる.センターでは,現在までにいくつか

の加熱方法による官能評価を実施しており，それぞれに対応したパネル訓練をしている．また，うま味に対する感覚を養うためにグルタミン酸とイノシン酸の混合液を用いた訓練[3]もしている．

これまでに実施してきたパネル訓練の方法について，以下に示す．

1）食肉試料を用いた場合

試料は，特性の異なる（品種，脂肪量，部位など）食肉試料を用いる．なお，冷凍保存された試料肉は，4℃，24時間で解凍している．

① 準備と調製

(a) ロースト法

厚さ5cm程度の試料肉を網付きバットにのせ，165℃のオーブンで内部温度が70℃（温度計によるモニタリング）[注8]になるまで加熱する．加熱終了後，10分程度放冷し，外側部分は切り落とす．筋線維を短く切るように，一定の大きさ（例：1cm×2cm×1cm厚，3cm×3cm×5mm厚）に切り出す[注9]．1試料につき3〜4個（評価項目数や内容により変更）を1人分として提示する[注10]．

(b) 焼き肉法

試料肉は，4cm×5cm×1cm厚さに切り出し，ステンレスのバットに入れる．なお，乾燥を防ぐためにラップで密閉し，加熱するまで4℃で保存する．試料肉は，220℃に加熱したホットプレートで表面60秒，裏面90秒加熱する[注11]．加熱終了後，試料肉を2分割し，一切れを直ちに提示する[注12]．

注8　官能評価の再現性確保に不可欠な試料の均一な加熱のためには，試料の内部温度のモニタリングが必要である．

注9　試料はステンレスなど臭い移り防止のできる容器に入れる．

注10　センターでは，温かい試料を用いた官能評価を行っているため，試料と試料皿は提示直前まで55℃程度で保温している．また，温度の影響をなるべく避けるため，提示する試料温度はできるだけ一定に保つことを心がけている．

注11　温度制御つきのものを利用している．家庭用ホットプレートを使用する場合は，温度制御が難しいなどの欠点があるため，温度調節の感度や温度変動の範囲などを確かめて，実測温度を測定するなど点検の必要がある．

注12　評価に与える影響を少なくするため，保温せずに加熱直後に提示している．

［事例 5］ 分析型パネルの選定および訓練の方法　　　**183**

(c) 煮肉法

試料肉は，7cm×7cm×2mm 厚さに切り出し，焼き肉法と同様に保存する．直径 18cm の鍋に水を 1.8L[注13] 入れ，試料を沸騰水中に 10 秒間くぐらせる．試料を取り出して 2 分割し，これを 1 組として直ちに提示する．

(d) 湯煎法

試料肉をビニール袋に入れ，75℃ の湯で内部温度が 73℃（温度計によるモニタリング）になるまで加熱する．加熱終了後，10 分間流水で冷却し，一定の大きさ（例：1cm 角）に切り出す．1 試料につき 2 個を 1 人分として提示する．

② 試料の提示と評価方法

(a) ブラインドサンプルとして，2 試料をパネルに提示する．（焼き肉法および煮肉法では，1 試料ずつ提示している．）

(b) 評価は，評価項目により 8 段階の評価尺度（1：非常に弱い，かたい，ない〜8：非常に強い，やわらかい，ある）などを用いて，円卓法（オープンパネル法）[注14] にて実施している．なお，試料の味わい方はパネルの自由に任せる場合と，細かくコントロールする場合があるが，分析型官能評価では，データのバラツキを小さくして再現性を高めるために，コントロールする場合が多い．センターでは，噛む回数を指定する，味と香りを区別して評価する場合，味覚に関する項目（「うま味」「甘味」など）では鼻腔を閉じた状態で評価し，香りに関する項目（「脂っぽい香り」「肉様の香り」など）では鼻腔を開けて評価するなどコントロールしている．

(c) 評価終了後，パネルの評価値を分布図として集計する（図 5.25）．

(d) 分布図に提示された結果を基に，パネルリーダーやパネル同士で自由に討論する．この討論によって，評価結果に対する各人の尺度や言葉の意味合いの捉え方を認識し，同一試料についての感覚がパネル全体で同じになるように統一している．

注 13　鍋やカセットコンロは同一型（同一熱量）を複数用意し，沸騰水は 1 試料ごとに交換している．

注 14　パネルリーダー（司会者）と数名のパネルが円卓を囲んで，互いに意見交換しながら評価を行い，意見をまとめていく方法[3]．

第5章 事例—商品開発と官能評価—

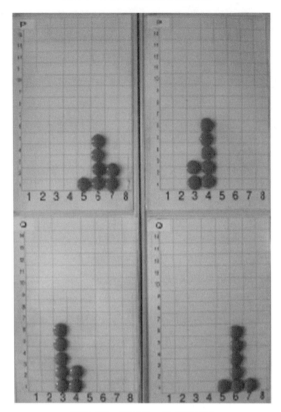

図5.25 評価値の分布図(例)

表5.4 グルタミン酸とイノシン酸の混合液用の試料濃度

うま味強度	MSG(g/100mL)	IMP(g/100mL)
0.218	0.003	
0.472	0.007	
0.726	0.010	0.059
0.980	0.014	
1.235	0.017	

[事例 5]　分析型パネルの選定および訓練の方法　　**185**

2）グルタミン酸（MSG）とイノシン酸（IMP）の混合液を用いた場合（表 5.4）

　①　準備と調製

　濃度の異なるグルタミン酸（L-グルタミン酸水素ナトリウム一水和物）と一定量のイノシン酸（イノシン 5′-1 リン酸二ナトリウム水和物）からなる混合液を調製する．

　②　試料の提示と評価方法

　パネルは，異なる濃度の試料をうま味の強い順に選ぶ（順位法）．評価終了後，試料の濃度の違いを確認し，うま味の強さに対する感覚を養う．

　官能評価は，人による測定・評価であるため，その信頼性が特に課題として挙げられやすいが，さまざまな性質や形態の食品を，人にしか感じ得ないものまで含めて識別し，評価しうる唯一の手法である．

　この手法を食肉の食味評価に活用し，そこから得られる知見を，消費者の多様なニーズに対応した，多様な食肉生産に結びつけることができれば，国民の食生活がより豊かになり，さらに食肉の消費増大，生産振興がもたらされる大きな可能性を秘めている．

　食肉の官能評価への取り組みや活用は，食肉のバラエティに富むわが国においてこそ，官能評価の役割も大きなものになると考えられる．今後，食肉の官能評価が，食肉生産，家畜等の育種改良に応用されることを期待し，センターがこれまで取り組んできた分析型パネルの選定，および訓練の方法を取りまとめ，紹介した．本報告が官能評価に携わる方々の一助になれば幸いである．

引用文献

1）　古川秀子：おいしさを測る，幸書房（1994）

2）　パネル選定用基準臭，第一薬品産業株式会社

3）　光山かおりら：牛肉の分析型官能評価パネルにおけるうま味訓練効果，日本官能評価学会誌 vol. 19，No. 1（2015）

参 考 文 献

- ・家畜改良センター(編)：食肉の官能評価ガイドライン，日本食肉消費総合センター(2005)
- ・日科技連官能検査委員会(編)：新版 官能検査ハンドブック，日科技連出版社(1973)

(齋藤　薫)

付録

■ 官能評価の規格

官能評価(Sensory Evaluation)は,官能試験(Sensory Analysis),官能検査(Sensory Inspection),感覚評価(Organoleptic Test)などとその呼び方は多く,人間の感覚によってある対象物の特性を測定し,それを用語と尺度で表現するものである.

JIS Z 8144(2004)には,官能評価分析(Sensory Analysis)として「官能特性を人の感覚器官によって調べることの総称」と定義している.なお,官能特性(Sensory Characteristics)とは,人の感覚器官が感知できる属性をいい,感覚器官とは,ヒトの受容器(刺激を受け入れる細胞または細胞群)を含む生体組織を指し,目,耳,口,鼻,皮膚などの総称である.視覚,嗅覚,味覚,触覚,聴覚の5感覚による測定を指す.

官能評価の各種の手法に関しては,ISO(国際標準化機構,International Organization for Standardization)やJIS(日本工業規格,Japanese Industrial Standards)で規格化されている.

ISO は,1) 国家間の製品やサービスの交換を助けるために,標準化活動の発展を促進すること,2) 知的,科学的,技術的,そして経済的活動における国家間協力を発展させることを目的に,1947 年に,18 カ国により発足した.本機構においては,専門委員会(TC):212,分科委員会(SC):510 という多くの委員会より構成されている.

そのなかで,官能評価に関する検討については,科学的アプローチを前提にして国際的に官能評価結果を活用できるように,食品に関する専門委員会(TC34)に,官能評価の分科会(SC12)を設置し,各国メンバーで意見を交換し規格を制定している.その参加国は2018 年現在,活動メンバー 22 カ国と日本を含むオブザーバーメンバー 27 カ国の,49 カ国から構成されている.

その作業内容は,官能評価分析分野における専門用語,試験環境,統計データ処理を含む試験方法の標準化である.現在,SC12 およびSC12 以外の

規格と併せ，官能評価に関する 39 の規格が発行されている．また，常時見直しし，変更や削除，追加事項の内容が検討されている．

　日本においては農林水産消費安全センターが事務局となり，ISO の定期的見直しへの対応を ISO/TC34/SC12 国内対策委員会が実施している．

　ISO 国際規格によって公開されている標準タイプの文書は，英語，フランス語，ロシア語となっており，表 5.1 に，英語による官能評価に関する ISO の規格をまとめて示した（2018 年 10 月現在）．ISO 規格の変更内容および購入の情報は，以下のアドレスにて取得できる．https://www.iso.org/search. html?q=sensory%20analysis

　また，ラボスケールにおける食品の官能評価手法および解析法については，世界最大・民間・非営利の国際標準化・規格設定機関 ASTM International（旧称米国材料試験協会；American Society for Testing and Materials）*に詳しく，ASTM 規格を設定し発行している（1988）．

　　＊ASTM International：https://www.astm.org/search/fullsite-search.html? query＝Sensory%20analysis

（上田玲子）

官能評価に関する ISO の規格

Number and issue	year	Title
*ISO 8586	2012	Sensory analysis–General guidelines for the selection, training and monitoring of selected assessors and expert sensory assessors
ISO 8589	2007	Sensory analysis–General guidance for the design of test rooms
ISO 13300–1	2006	Sensory analysis–General guidance for the staff of a sensory evaluation laboratory–Part 1 : Staff responsibilities
ISO 13300–2	2006	Sensory analysis–General guidance for the staff of a sensory evaluation laboratory–Part 2 : Recruitment and training of panel leaders
ISO 4121	2003	Sensory analysis–Guidelines for the use of quantitative response scales
ISO 11037	2011	Sensory analysis–Guidelines for sensory assessment of the colour of products
ISO 11136	2014	Sensory analysis–Methodology–General guidance for conducting hedonic tests with consumers in a controlled area
*ISO 11056	1999	Sensory analysis–Methodology–Magnitude estimation method
ISO 3972	2011	Sensory analysis–Methodology–Method of investigating sensitivity of taste
*ISO 4120	2004	Sensory analysis–Methodology–Triangle test
ISO 5495	2005	Sensory analysis–Methodology–Paired comparison test
ISO 5496	2006	Sensory analysis–Methodology–Initiation and training of assessors in the detection and recognition of odours
ISO 5497	1982	Sensory analysis–Methodology–Guidelines for the preparation of samples for which direct sensory analysis is not feasible
ISO 6658	2017	Sensory analysis–Methodology–General guidance
ISO 8587	2006	Sensory analysis–Methodology–Ranking
ISO 8588	2017	Sensory analysis–Methodology–"A" – "not A" test
ISO 10399	2017	Sensory analysis–Methodology–Duo-trio test
*ISO 11036	1994	Sensory analysis–Methodology–Texture profile
*ISO 11132	2012	Sensory analysis–Methodology–Guidelines for monitoring the performance of a quantitative sensory panel
ISO 13299	2016	Sensory analysis–Methodology–General guidance for establishing a sensory profile

官能評価の規格

ISO	13301	2018	Sensory analysis–Methodology–General guidance for measuring odour, flavour and taste detection thresholds by a three-alternative forced-choice (3-AFC) procedure
*ISO	16820	2004	Sensory analysis–Methodology–Sequential analysis
ISO	29842	2011	Sensory analysis–Methodology–Balanced incomplete block designs
ISO	5492	2008	Sensory analysis–Vocabulary
ISO	3591	1977	Sensory analysis–Apparatus–Wine-tasting glass
ISO	16657	2006	Sensory analysis–Apparatus–Olive oil tasting glass
ISO	13302	2003	Sensory analysis–Methods for assessing modifications to the flavour of foodstuffs due to packaging
ISO	16779	2015	Sensory analysis–Assessment (determination and verification) of the shelf life of foodstuffs
ISO	11035	1994	Sensory analysis–Identification and selection of descriptors for establishing a sensory profile by a multidimensional approach
●ISO/DIS : 20613			Sensory Analysis–General guidance for the application of sensory analysis in quality control
●ISO/NP : 20784			Guidance on substantiation for sensory and consumer claims
ISO	18794	2018	Coffee–Sensory analysis–Vocabulary
ISO	6668	2008	Green coffee–Preparation of samples for use in sensory analysis
ISO	7304-1	2016	Durum wheat semolina and alimentary pasta–Estimation of cooking quality of alimentary pasta by sensory analysis–Part 1 : Reference method
ISO	7304-2	2008	Alimentary pasta produced from durum wheat semolina–Estimation of cooking quality by sensory analysis–Part 2 : Routine method
ISO	22308	2005	Cork stoppers–Sensory analysis
ISO	22935-1	2009	Milk and milk products–Sensory analysis–Part 1 : General guidance for the recruitment, selection, training and monitoring of assessors
ISO	22935-2	2009	Milk and milk products–Sensory analysis–Part 2 : Recommended methods for sensory evaluation
ISO	22935-3	2009	Milk and milk products–Sensory analysis–Part 3 : Guidance on a method for evaluation of compliance with product specifications for sensory properties by scoring

＊ Under development
● Under development by the new proposal   (2018/10)

索　引

ア　行

ISO（国際標準化機構，International Organization for Standardization）	187
アイデア開発	6
アセスメント	5
一元配置分散分析	107
位置効果	30
一対比較法	29
因果関係	121
因子得点	135
因子負荷量	134
因子分析：FA（Factor Analysis）	132
咽頭部	160
ヴェルチ（Welch）の方法	70
「うま味」の相乗効果	173
ASTM International	188
エクセル関数	84
Excel「分析ツール」	83
SD 法	29, 129
枝肉格付	176
F-検定	98
MSG 安全性問題	172
嚥下	141
嚥下性肺炎	142
円卓法	183
おいしさ	14
「おいしさ」の化学的要因	16
「おいしさ」の物理的要因	16
「おいしさ」の要因	14, 16
重み（ウェイト）	126
温度感覚（温覚・冷覚）	23

カ　行

回帰式	122
回帰統計	122
カイザー基準	128
カイ二乗検定	92
カイ二乗値	92
開発具現化・工業化	4
開発研究	7
開発領域	3

確率	53
確率分布	60
確率変数	60
仮説検定	84, 85
仮説の検証と検定	121
片側検定	67, 86
片側二項検定	94
家畜等の育種改良	185
加法定理	54
辛味	24
間隔尺度	37, 82
関係モデル	123
官能値と分析値関連性	6
官能評価	163
官能評価室	152, 153
官能評価の規格	187
官能評価の方法	28
官能評価の役割	5
官能評価分析（Sensory Analysis）	187
関連性解析	120
企業力	12
危険率	67
記号効果	30, 152
基準値	86
基準作り	181
期待効果	31
期待値（理論値）	92
基盤マーケティング・リレーション（BMR）概念モデル	1
基本製品コンセプト	3
基本統計量	87
基本味	14
帰無仮説	67, 85
嗅覚テスト	179
嗅覚の伝達経路	20
共通因子	132
共通性	135
寄与率	122, 127
筋肉の動き	161
クオーティミン回転	135
区間推定	77
組み合わせ	59

組み合わせ効果	30	3点識別試験法	57, 63, 92
グラフィカルモデリング	121	3点試験法	28
グループインタビュー	153	散布図	126
グルタミン酸ナトリウム(MSG)	168	視覚の伝達経路	21
クロス集計	92	識別	82
クロス表	92	識別能力	177
訓練効果	31	事業開発	6
KJ法	40	事業戦略策定	2
KJ法の手順	40	軸の回転	134
係数(偏回帰係数)	122	嗜好評価	5
係数のt値	123	試作研究(ラボ/BP)段階	2
ゲル化剤	148	JIS(日本工業規格, Japanese Indus-	
研究開発	4	trial Standards)	187
研究戦略策定	2	質的データ	82
現象や構造の縮約	120	渋味	24
検定	66	尺度値	32
工業化	7	斜交回転	135
工業化検討/工業化段階	2	社内モニター	11
交互作用	112	主因子法	134
高周波成分	161	重回帰分析:MRA(Multiple Regres-	
合成変数	126	sion Analysis)	121
構造方程式モデリング(共分散構造分析)		自由度調整済み決定係数	122
	121	周波数解析	160
行動観察調査(エスノグラフィー)	10	主成分得点	128
効用価値	12	主成分負荷量	127
高齢者	141, 144, 149	主成分分析:PCA(Principal Compo-	
誤嚥	142	nents Analysis)	126
五原味	14	出現確率p値	86
コスト競争力	12	受容性評価	4
5味の識別試験	27	順位法	28
固有値	127	順序効果	30, 155
固有ベクトル	127	順序尺度	37, 82
コンセプト/プロダクトバランス	6	順列	57, 58
コンセプト設定	2	使用性機能に関する官能評価	8
コントロール	183	消費行動プロセス	9
サ　行		消費者受容性	6
		商品開発のプロセス	1
最終試作品	4	商品開発フロー	2
最小値	89	商品価値の評価	11
最小二乗法	122	商品プロット	132
最大値	89	乗法定理	55
採点法	29, 32	情報量	126
最頻値	89	情報力	12
最尤法	135	賞味期限	8
残存効果	30	食肉生産	185

食肉の識別テスト	179	探索研究段階	2
食品の味	14	炭酸の味	24
食品の主な香気成分	15	単純化(情報の圧縮)	120
食品の主な呈味成分	15	単純構造	134
食品の香り	14	中央値	89
食味	177	聴覚の伝達経路	22
食味評価	185	チョコレートの評価項目	44
食物残渣	148	直交回転	135
食塊	141	痛覚	23
触覚	23	t-検定	91
新製品発表・発売準備	7	低周波成分	161
信頼区間	79, 90	テクスチャー	141, 144, 147
信頼係数	79	Tukey-Kramer の HSD 検定	110
信頼限界	79	点推定	77
推定	84	伝達・表現評価	2
スクリープロット変換点	128	統計量	86
生産技術開発	4, 7	等分散性の検定	98
生産・販売	5	独自因子(誤差)	135
製造条件の設定	6	独立事象	55
製品コンセプト策定	4	度数分布	51
製品受容性評価	6	**ナ 行**	
製品設計と製造条件の最適化	7		
製品属性	3	中食商品	155
製品分野	3	二元配置分散分析(繰り返しあり)	107
製品領域設定支援	2	二元配置分散分析(繰り返しなし)	107
製品力	11, 12	二項検定	68, 92
摂食機能	141, 149	二項分布	62, 92
説明変数	82	2：5 点試験法	28
線形方程式	122	2 点識別試験	95
潜在変数	132	2 点識別法	28
尖度(センド)	89	2 点試験法	28, 57, 63, 92
戦略策定	1	2 点嗜好試験	93
総合指標	126	2 点嗜好法	28
咀嚼	141, 144, 145	2 点提示型採点法	34
タ 行		粘性率	143
		のどごし感	160
対応のある平均値の差の検定	71	**ハ 行**	
対応分析	120		
体性感覚	23	配偶法	28
対立仮説	67, 85	排反事象	55
唾液	142	発表・発売準備	2
多重共線性	123	パネル	153
多重比較	107	パネル訓練	180
単回帰分析	121	パネルの分類	27
単極	129	バリマックス(Varimax)	135

範囲	89	偏差	52
判別分析	120	偏差平方和	52
Pearson のカイ二乗検定	92	変数	82
BMR 概念モデル	3	ホームユース法(HUT)	10
ビール	160	母集団	65
評価項目の整理	42	母標準偏差	66
評価尺度	32, 36, 181	母分散	66
評価用語	181	母平均	66
評価用語の収集・整理	40		

マ 行

評価用紙の作成	40		
標準化	124	マーケティングプラン策定	2
標準誤差	90	満足感	12
標準偏差	53, 84	味覚テスト	177
標本	65	味覚の相互作用	24
標本(サンプル)	84	味覚の伝達経路	18
表面筋電図	160	名義尺度	38, 82
比率検定	91, 92	目的変数	82
比率尺度	37, 82	モデル品	4
疲労効果	31	問題点把握	6
品質管理	6		

ヤ 行

品質・生産管理	5		
品質評価	5, 176	有意水準	67
フォロー	2	有意水準 α	85
負荷量行列	130	予測	82, 120
負荷量プロット	130	予測回帰式	123
複合感覚	24	四分位偏差	89
ブラインドサンプル	183		

ラ 行

プロダクト／コンセプト	2		
プロマックス	135	理化学分析値	176
分散	52, 84	離散型確率変数	64
分散(因子寄与)	135	離散型分布	64
分散分析	91	両側カイ二乗検定	93
分散分析(Analysis of variance)	106	両側検定	67, 86
分散分析表	122	量的データ	82
分散分析法の考え方	73	累積寄与率	127
分析型パネル	177	連続型確率変数	64
分析型評価	7	連続型分布	64
分類	120	ロースト法	182
平均	89		

ワ 行

平均値	52		
平均値の差の検定	70	歪度(ワイド)	89
ベネフィット	3	割合の検定	92

改訂 続 おいしさを測る―食品開発と官能評価

2012 年 7 月 20 日　初版第 1 刷　発行
2019 年 5 月 30 日　改訂初版第 1 刷　発行

編著者　古 川 秀 子
共著者　上 田 玲 子
発行者　夏 野 雅 博
発行所　株式会社　幸 書 房
〒101-0051　東京都千代田区神田神保町 2-7
TEL 03-3512-0165　FAX 03-3512-0166
URL http://www.saiwaishobo.co.jp

印刷/製本：平 文 社

Printed in Japan.　Copyright © 2019 by Hideko FURUKAWA, Reiko UEDA
無断転載を禁ずる.

JCOPY 〈出版者著作権管理機構 委託出版物〉
本書の無断複写は著作権法上での例外を除き禁じられています. 複写される場合は,
そのつど事前に, 出版者著作権管理機構 (電話 03-5244-5088, FAX 03-5244-5089,
e-mail : info@jcopy.or.jp) の許諾を得てください.

ISBN978-4-7821-0437-8　C3058